Helmut Endres

Chemische Aspekte der Festkörper-Physik

Mit 117 Abbildungen

Springer-Verlag
Berlin Heidelberg New York Tokyo 1984

Prof. Dr. Helmut Endres

Anorganisch-Chemisches Institut der Universität Heidelberg
Im Neuenheimer Feld 270, D-6900 Heidelberg 1

ISBN-13: 978-3-540-13604-0   e-ISBN-13: 978-3-642-69871-2
DOI: 10.1007/978-3-642-69871-2

CIP-Kurztitelaufnahme der Deutschen Bibliothek
Endres, Helmut: Chemische Aspekte der Festkörper-Physik / Helmut Endres. –
Berlin; Heidelberg; New York; Tokyo: Springer, 1984. (Hochschultext)

Druck und Bindearbeiten: Beltz Offsetdruck, Hemsbach/Bergstr.
2152/3140-543210

Inhaltsverzeichnis

Vorwort

Festkörperphysik ist viel zu interessant, um sie allein den Physikern
zu überlassen. Denn vor der Untersuchung der physikalischen Eigenschaften von Festkörpern steht üblicherweise deren Herstellung, womit wohl in der Regel die Chemie befaßt ist. Leider hört jedoch das
Verständnis des Chemikers für die Eigenschaften einer Substanz oft
dort auf, wo sie für einen Physiker interessant zu werden beginnen.
Ein Grund hierfür liegt in einer "Sprachbarriere" zwischen Physik und
Chemie, da der Chemiker wichtige festkörperphysikalische Begriffe entweder überhaupt nicht kennt oder nur eine sehr verwaschene Vorstellung von ihnen hat.

Das Studium von Lehrbüchern der Festkörperphysik oder der Besuch einer
Vorlesung, um diesem Mangel abzuhelfen, ist für einen Chemiker ein har-
tes Brot: Die physikalische Denk- und Darstellungsweise mit ihrer Vor-
liebe für mathematische Ausdrucksformen ist für den Nichtphysiker oft
befremdend. Er erhält den - sicherlich falschen - Eindruck, Festkörperphysik sei etwas sehr Kompliziertes, das man gar nicht erst zu verstehen versuchen soll.

Das vorliegende Buch will nun eine Hilfestellung geben, die Sprachbarriere zwischen Physiker und Chemiker abzubauen. Es ist von einem Chemiker für Chemiker geschrieben und versucht, die Bedeutung wichtiger
festkörperphysikalischer Begriffe zu erläutern. Es bedient sich dabei
bewußt vorzugsweise der sprachlichen Ausdrucksform und vermeidet weitgehend mathematische Darstellungen. Der damit zuweilen verbundene Ver-
lust an Exaktheit wird in Kauf genommen: Es kommt dem Autor mehr darauf an, ein prinzipielles Verständnis für die Zusammenhänge zu wecken,
als sie quantitativ aufzuzeigen. Sollte der Leser hierbei das Bedürf-
nis nach einer exakteren und mehr in die Tiefe gehenden Behandlung
festkörperphysikalischer Fragen verspüren, sei er auf die im Literatur-
verzeichnis angeführten Bücher verwiesen.

Gerade durch die sehr einfache Behandlung festkörperphysikalischer Fragen kann dieses Buch auch einem Physikstudenten in den ersten Abschnitten seines Studiums hilfreich sein. Er kann hieraus ein erstes qualitatives Verständnis für Zusammenhänge entwickeln, deren mehr quantitative
Behandlung zu den vertiefenden Abschnitten seines Studiums gehört.

Die Voraussetzungen für das Verständnis des Textes sind bewußt sehr
tief angesetzt. Sie liegen auf dem Niveau dessen, was in einer Grund-
vorlesung in Chemie und - wichtiger - in Physik behandelt wird. Die
erforderlichen Mathematikkenntnisse sollte selbst ein Abiturient mit-
bringen, der Mathematik "abgewählt" hat.

Der Band beginnt mit allgemeiner Kristallographie. Dabei werden einige
der Begriffe erklärt, die sich durch das ganze Buch ziehen. Es schliessen sich Kapitel über Gitterfehler, Gitterschwingungen sowie magnetische Eigenschaften an. Hierauf werden elektronische Eigenschaften besprochen, auf denen das Schwergewicht des Buches liegt. Am Ende stehen
Kapitel über Supraleitung und über die physikalischen Besonderheiten
sogenannter eindimensionaler Leiter. Typische experimentelle Verfahren
wie Röntgen- und Neutronenbeugung werden an geeigneter Stelle angesprochen. Einige Beispiele aus der Chemie sollen helfen, mit den erläuter-
ten physikalischen Erscheinungen vertraut zu werden. Dieser mehr "chemische" Charakter des Bandes nimmt zum Schluß hin zu, wenn die physikalischen Begriffe weitgehend erklärt sind. Besonders im letzten Kapitel über quasieindimensionale Festkörper werden viele Erscheinungen
nochmals anhand chemischer Beispiele angesprochen, die in den vorange-
gangenen Kapiteln behandelt wurden. Der Leser wird sicherlich Verständnis dafür haben, daß die ausgewählten Beispiele aus dem wissenschaft-
lichen Interessengebiet des Autors stammen.

Einige Themenbereiche der Festkörperphysik müssen unberücksichtigt
bleiben, um den gesetzten Umfang dieses Bandes nicht zu sprengen. So
wird zum Beispiel auf die Behandlung der spezifischen Wärme verzichtet,
da sie in Vorlesungen und Lehrbüchern der physikalischen Chemie aus-
reichend besprochen wird. Auch elastische und dielektrische Eigenschaften fallen der getroffenen Auswahl zum Opfer, einer Auswahl, die
natürlich nicht frei von Willkür ist.

Dennoch hoffen Autor und Verlag, daß dieser Band helfen kann, wichtige
festkörperphysikalische Erscheinungen besser zu verstehen. So wollen
wir einen Beitrag leisten, die Berührungsängste des Chemikers mit der
Festkörperphysik abzubauen: Über Exzitonen muß man sich nicht aufregen,
auf Fermi-Flächen nicht ins Rutschen geraten und über Zustandsdichten
keine Zustände bekommen.

Dieses Buch entstand nach einer Vorlesung, die der Autor im Sommersemester 1983 vor Chemiestudenten hielt. Diese Vorlesung war aus dem genannten Wunsch heraus entstanden, eine Brücke zwischen Chemie und Festkörperphysik zu schlagen. Natürlich ist der Autor als Chemiker in gewissem Sinne Dilettant auf dem Gebiet der Festkörperphysik und kann daher die Dinge nur so darstellen, wie er sie selbst verstanden hat – für einen Physiker an vielen Stellen sicherlich zu einfach.

Es ist jedoch die Erwartung von Verlag und Autor, daß gerade durch die vereinfachende Art der Darstellung Interesse geweckt und ein prinzipielles Verständnis geschaffen werden können. In diesem Sinne sind auch die vielen Diagramme zu verstehen, in denen auf exakte Zahlenwerte verzichtet wurde: Der qualitative Verlauf der Abhängigkeit physikalischer Größen, zum Beispiel der elektrischen Leitfähigkeit von der Temperatur, soll im Vordergrund stehen. Es ist wichtiger, die Ursachen dieser jeweiligen Abhängigkeit zu erkennen, als sich durch den Ballast von Zahlenwerten ablenken zu lassen.

Heidelberg, im April 1984.

1 Allgemeine Kristallographie und Beugungserscheinungen

1.1 Der Aufbau fester Körper. Das Gitter

Bevor wir über physikalische Erscheinungen in Festkörpern reden können, müssen wir zunächst eine Vorstellung über den Aufbau (= die
Struktur) dieser Körper bekommen. Hier müssen wir bereits eine Einschränkung treffen, die durch das ganze Buch hindurch beibehalten werden soll: Unter "Festkörper" wollen wir im engeren Sinne kristalline
Festkörper verstehen. Diese sind dadurch charakterisiert, daß in ihnen
eine Fernordnung herrscht. Dies bedeutet, daß sich ein bestimmtes Bau-
motiv in den drei Raumrichtungen streng periodisch wiederholt. Kleinere Störungen dieser Fernordnung, die in Kapitel zwei besprochen werden, sollen uns bei dieser Definition nicht stören.

Liegt keine Fernordnung vor, wie es zum Beispiel in Flüssigkeiten und
Gasen der Fall ist, und erscheint der Körper dennoch als "fest", so
bezeichnen wir ihn als amorph. Solche amorphe Festkörper sind die Glä-
ser und die meisten Kunststoffe. In ihnen läßt sich keine Baugruppe
erkennen, deren periodisches Aneinanderreihen den gesamten Körper aufbaut. Trotz ihrer großen praktischen Bedeutung wollen wir solche amorphe Festkörper im Rahmen dieses Bandes nicht weiter betrachten; sie
sind uns viel zu kompliziert.

Besprechen wir nun also kristalline Festkörper, wobei wir das Wort
"kristallin" in Zukunft als selbstverständlich weglassen wollen. Der
Aufbau solcher Festkörper ist also mit einem regelmäßigen Aneinanderreihen einer bestimmten Baugruppe zu beschreiben. Diese kleinste Baueinheit - sie kann aus einem Atom, einer Atom- oder Ionengruppe, einem
Molekül oder mehreren Molekülen bestehen - bildet die Basis der Struktur. Im Kristall ist diese Basis auf eine bestimmte Weise aneinander-
gereiht. Wie dies geschieht, wird durch das Gitter beschrieben (Abb.
1.1).

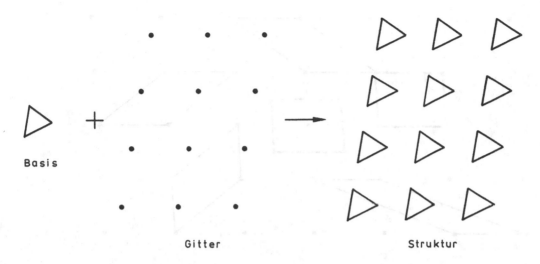

Abb. 1.1. Die Struktur besteht aus einer Basis, die sich gemäß dem
Gitter wiederholt.

Ein solches Gitter ist eine regelmäßige dreidimensionale Anordnung
von Punkten, wobei jeder dieser Gitterpunkte die gleiche Umgebung hat.
Dies ist sehr wörtlich zu nehmen: Findet man von irgendeinem Gitterpunkt ausgehend in einer bestimmten Richtung und in einem bestimmten
Abstand (mathematisch formuliert: am Ende eines bestimmten Vektors)
ein Atom, so muß man das gleiche Atom von jedem Gitterpunkt aus in
dieser Richtung und in diesem Abstand finden. Anders und kürzer ausge-
drückt: Die Basis, entsprechend dem Gitter wiederholt, ergibt die
Struktur des Festkörpers.

In diesem Gitter läßt sich nun ein kleinster Ausschnitt festlegen, der
das gesamte Gitter aufbaut, wenn man ihn längs seiner Kanten um jeweils den Betrag der betreffenden Kantenlänge verschiebt. Die Paralle-
logramme in dem Gitter der Abb. 1.2 stellen solche kleinste Ausschnitte
dar.

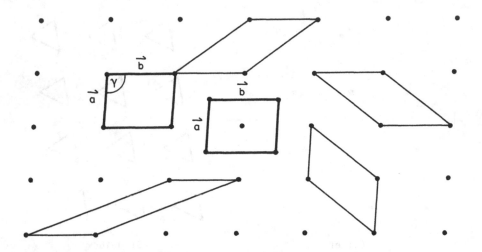

Abb. 1.2. Mögliche Elementarzellen in einem zweidimensionalen Gitter

Ein solcher kleinster Ausschnitt wird als die Elementarzelle des betreffenden Gitters bezeichnet. Nun zeigt aber die Abb. 1.2, daß sich nach
dieser Vorschrift viele Elementarzellen festlegen lassen: Die umrandeten Flächen haben alle denselben Flächeninhalt. Zur eindeutigen Festlegung einer Elementarzelle muß also noch eine Einschränkung getroffen
werden: Wir wollen dasjenige Parallelogramm (im dreidimensionalen Gitter den entsprechenden, durch sechs ebene Flächen begrenzten Körper,
ein Parallelepiped) als Elementarzelle vereinbaren, bei dem die Winkel
zwischen den Kanten möglichst nahe bei 90° liegen.

Dies sind die dick umrandeten Flächen in Abb. 1.2. Die beiden so her-
vorgehobenen Flächen sind einander völlig äquivalent. Es ist nämlich
zunächst gleichgültig, an welcher Stelle des Gitters man die Elementarzelle beginnen läßt. Für das praktische Arbeiten kann jedoch eine bestimmte Wahl des "Ursprungs" der Elementarzelle bequemer sein als eine
andere. Vor einem häufigen Mißverständnis soll hier gleich gewarnt werden: Man muß die Elementarzelle keineswegs so legen, daß ihre Eckpunkte
mit den Punkten des angenommenen Gitters zusammenfallen.

Die Kanten der Elementarzelle bilden die Einheitsvektoren des Gitters,
sie werden mit $\vec{a}$, $\vec{b}$ und $\vec{c}$ bezeichnet. Aus der Definition des Gitters
ergibt sich dann, daß jeder Gitterpunkt aus jedem anderen Gitterpunkt
durch einen Gittervektor

$$\vec{R} = n_1\vec{a} + n_2\vec{b} + n_3\vec{c}$$

erreichbar ist, wobei n_1, n_2, n_3 ganze Zahlen bedeuten.

Anstelle der Einheitsvektoren $\vec{a}$, $\vec{b}$ und $\vec{c}$ verwendet man oft nur deren Beträge a, b und c und gibt die Winkel zwischen ihnen, α, β und γ explizit an. Diese sechs Größen: a, b, c, α, β, γ sind die Gitterkonstanten des vorliegenden Gitters. Nach der Form der für sie charakteristischen Elementarzellen lassen sich sieben Kristallsysteme unterscheiden. Die jeweiligen Bedingungen lauten:

$a = b = c$, $\alpha = \beta = \gamma = 90°$	kubisch
$a = b \neq c$, $\alpha = \beta = \gamma = 90°$	tetragonal
$a \neq b \neq c$, $\alpha = \beta = \gamma = 90°$	rhombisch
$a \neq b \neq c$, $\alpha = \gamma = 90°$, $\beta \neq 90°$	monoklin
$a \neq b \neq c$, $\alpha \neq \beta \neq \gamma \neq 90°$	triklin
$a = b \neq c$, $\alpha = \beta = 90°$, $\gamma = 120°$	hexagonal
$a = b = c$, $\alpha = \beta = \gamma \neq 90°$	rhomboedrisch

Es sei jedoch betont, daß diese Kriterien notwendige, aber keine hinreichende Bedingungen darstellen. Vielmehr sind die einzelnen Kristallsysteme strenger durch bestimmte Symmetrieeigenschaften definiert. Die obigen Bedingungen sind Folgen dieser Symmetrieeigenschaften. So ist zum Beispiel das kubische Kristallsystem dadurch zu beschreiben, daß bei ihm drei aufeinander senkrecht stehende vierzählige Drehachsen vorliegen. Daraus ergibt sich zwangsläufig die oben genannte Bedingung für die Gitterkonstanten.

Zur Abrundung sei noch erwähnt, daß die Benennung der drei Winkel der Elementarzelle natürlich mit der Bezeichnung der Kanten (auch "Achsen" genannt) zusammenhängt: α ist der Winkel, der von $\vec{b}$ und $\vec{c}$ aufgespannt wird, also nicht die Achse $\vec{a}$ als Schenkel hat. Entsprechend hat β nicht $\vec{b}$, γ nicht $\vec{c}$ als Schenkel. Eine entsprechende Festlegung gilt für die Bezeichnung der Flächen der Elementarzelle: Die Fläche A wird von $\vec{b}$ und $\vec{c}$ umrahmt, hat also nicht die Achse $\vec{a}$ als Kante. Analoges gilt für die Flächen B und C.

Aus der Definition des Gitters und der bisherigen Festlegung einer Elementarzelle sollte dem Leser klar geworden sein, daß ein gegebener Gitterpunkt nur einmal in jeder Elementarzelle auftritt. (Dies gilt natürlich auch, wenn dieser Gitterpunkt an der Ecke der Elementarzelle liegt:

Er gehört dann eben nur zu einem Achtel zu jeder der acht an einer Ecke
aneinandergrenzenden Zellen. Und da die Elementarzelle auch acht Ecken
hat, enthält sie den Eckpunkt acht mal zu einem Achtel.) Jede Elementarzelle enthält natürlich beliebig viele unterschiedliche Gitterpunkte, und man sollte sich vor der leider verbreiteten Vorstellung hüten,
in einem Kristall müsse auf einem Gitterpunkt auch ein Atom sitzen!

Eine Elementarzelle nach der bisherigen Festlegung, die jeden Gitterpunkt genau einmal enthält, bezeichnet man als primitiv. Nun müssen
wir jedoch eine Komplikation zulassen: Rechte Winkel sind in einem Gitter sehr wichtig, da sie zusammen mit bestimmten Symmetrieelementen
wie Spiegelebenen oder Drehachsen auftreten. Es gibt aber Gitter, in
denen rechte Winkel vorkommen, deren Elementarzelle nach unserer bisherigen Definition (kleinste Einheit...) aber keinen rechten Winkel
aufweist (Abb. 1.3).

In solchen Fällen wählt man eine größere, rechtwinklige Elementarzelle.
Diese enthält dann den gleichen Gitterpunkt mehr als einmal und ist
daher nicht primitiv. Eine solche Elementarzelle heißt zentriert. Zu
unterscheiden ist dann noch: Man nennt eine Elementarzelle flächenzentriert, wenn der Gitterpunkt der Elementarzellenecke auf einer Flächen-
mitte wieder auftaucht. Findet er sich auf allen Flächenmitten wieder,
ist die Zelle allseitig flächenzentriert. Von einer innenzentrierten
(oder raumzentrierten) Elementarzelle spricht man, wenn der Gitterpunkt der Ecke in der Raummitte wieder vorkommt. Eine allseitig flächenzentrierte Elementarzelle enthält einen gegebenen Gitterpunkt demnach viermal, eine einseitig flächenzentrierte und eine raumzentrierte
Zelle enthalten ihn zweimal (Abb. 1.4).

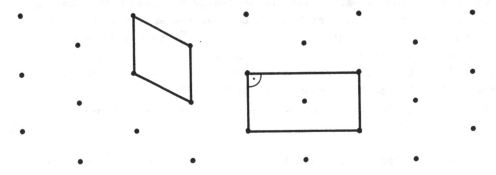

Abb. 1.3. Primitive und zentrierte Elementarzelle eines rechtwinkligen
zweidimensionalen Punktgitters

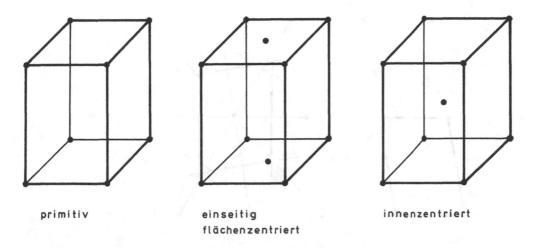

primitiv   einseitig   innenzentriert
                       flächenzentriert

Abb. 1.4. Primitive und zentrierte Elementarzellen in einem dreidimensionalen Gitter

Zuvor hatten wir festgestellt, daß in einem Gitter jeder Gitterpunkt aus jedem anderen gleichartigen Gitterpunkt durch einen Vektor $\vec{R} = n_1\vec{a}$ + $n_2\vec{b}$ + $n_3\vec{c}$ hervorgeht, wobei die n ganze Zahlen bedeuten. Dies gilt natürlich nur in einem primitiven Gitter. In einem zentrierten Gitter können auch halbzahlige Werte für n auftreten. Genauer gesagt: Bei Innenzentrierung sind entweder alle drei n ganzzahlig oder alle drei n halbzahlig, in flächenzentrierten Gittern sind entweder alle drei n ganzzahlig oder zwei davon halbzahlig. Überlegen Sie mal, warum kein Gitter sinnvoll ist, in dem eines der n alleine halbzahlig sein darf.

In der Physik kennt man noch eine hiervon abweichende Methode, eine Elementarzelle zu definieren (Abb. 1.5): Hierzu wählt man einen Gitterpunkt aus, verbindet ihn mit seinen Nachbarn (d.h. man zeichnet einige Gittervektoren $\vec{R}$ ein) und errichtet auf den Verbindungslinien die Mittelsenkrechten. In einem dreidimensionalen Gitter muß man entsprechend Flächen einzeichnen, die senkrecht auf den Gittervektoren stehen und diese in der Mitte schneiden. Die Fläche (im dreidimensionalen Fall der Körper), die diese Mittelsenkrechten umschließen, wird als Wigner-Seitz-Zelle bezeichnet. Sie hat den gleichen Flächeninhalt (das gleiche Volumen) wie die konventionelle Elementarzelle. Solche Wigner-Seitz-Zellen werden uns später wieder begegnen.

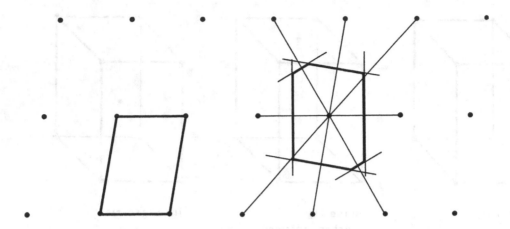

Abb. 1.5. Konventionelle Elementarzelle (links) und Wigner-Seitz-Zelle
(rechts) in einem zweidimensionalen Punktgitter

Außer Elementarzellen kann man in ein Gitter (um es noch einmal zu sagen: eine regelmäßige dreidimensionale Anordnung von Punkten, die jeweils die gleiche Umgebung haben) auch noch Scharen von Ebenen einzeichnen. Dabei verlaufen alle zu einer Schar gehörenden Ebenen parallel zueinander und sie haben gleiche Abstände von ihren Nachbarebenen.
Solche Scharen paralleler äquidistanter Ebenen bezeichnet man als Netzebenen. In unseren zweidimensionalen Abbildungen werden aus diesen Ebenen Scharen äquidistanter paralleler Geraden wie die drei unterschiedlich stark gezeichneten Scharen in Abb. 1.6.

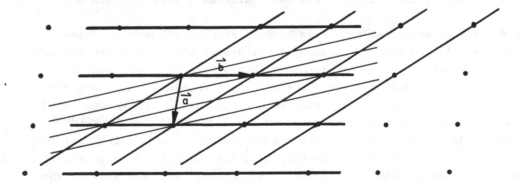

Abb. 1.6. Ein zweidimensionales Gitter mit drei Scharen von Gitterge-
raden (Schnittlinien von Netzebenen mit der Papierebene)

Solche Netzebenen sind für die Analyse des Aufbaues von Kristallen,
sei es mit optischen Methoden oder mit der Beugung von Röntgen- oder
Neutronenstrahlen - wir werden dieses Thema noch kurz streifen - besonders wichtig. Zunächst wollen wir eine Vereinbarung treffen, wie
die Lage der Netzebenen (im zweidimensionalen Fall der Scharen von Geraden, wie in Abb. 1.6) relativ zur einmal gewählten Elementarzelle
festgelegt werden kann.

Hierzu dienen die Millerschen Indizes der Ebenenschar, im dreidimensionalen Fall ein Tripel ganzer Zahlen hkl, wobei sich h auf die a-
-Achse, k auf die b-Achse, l auf die c-Achse beziehen. Zur Bestimmung
der Millerschen Indizes einer Netzebenenschar gibt es unterschiedliche
Methoden. Hier sei folgendes Verfahren vorgeschlagen (Abb. 1.7): Man
legt eine Ebene (zweidimensional: eine Gerade) durch das Gitter, die
irgendeinen Gitterpunkt berührt. Nun muß, was für einen Gitterpunkt
recht ist, für jeden anderen entsprechenden Gitterpunkt billig sein.
Daher legt man die entsprechenden parallelen Ebenen (Geraden) durch
jeden anderen Gitterpunkt (dünne Linien in Abb. 1.7).

Der Rest ist einfach: Man greift eine Elementarzelle heraus und legt
den Ursprung ihrer Achsen fest. Dann läuft man die a-Achse entlang,
bis man die Strecke a durchschritten hat, und zählt, auf wieviele neue
Ebenen der betrachteten Schar man dabei kommt. Diese Zahl ist der Wert
für h. Dann verfährt man entsprechend mit der b-Achse und erhält den
Wert von k. Das Verfahren auf die c-Achse angewandt ergibt l. Abbildung
1.7 zeigt drei zweidimensionale Beispiele.

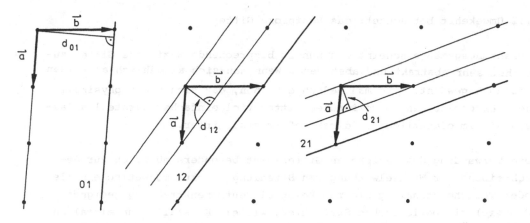

Abb. 1.7. Zur Bestimmung Millerscher Indizes.

Blättern Sie doch, um dies zu üben, einmal zurück und bestimmen Sie
die Millerschen Indizes der Geradenscharen in Abb. 1.6. Für die dicke
Schar sollten Sie für hk (l gibt es in der zweidimensionalen Beschränkt-
heit nicht) den Wert 10 (eins-null, nicht zehn!) finden, für die mittlere 11 (eins-eins) und für die dünne 31.

Die Millerschen Indizes einer Ebenenschar geben also an, wie diese
Schar relativ zur Elementarzelle im Kristall verläuft. Nun soll noch
eine weitere wichtige Größe ins Spiel kommen: Zu jeder Ebenenschar mit
Millerschen Indizes hkl gehört ein (rechtwinkliger) Abstand d zwischen
den einzelnen Ebenen. Im Allgemeinen wird jede Ebenenschar hkl durch
einen eigenen Wert für d beschrieben, wie in Abb. 1.7 eingezeichnet.
Der zu einer bestimmten Ebenenschar hkl gehörende Abstand d wird mit
den Millerschen Indizes dieser Ebenenschar bezeichnet, wie in Abb. 1.7
eingetragen: d_{hkl}.

Wenn Sie daraufhin die Abb. 1.7 und 1.6 nochmal betrachten, wird Jhnen
klar werden, daß die Werte für d abnehmen, wenn die Indizes hkl zuneh-
men. Zwischen d, hkl und den Gitterkonstanten besteht ein einfacher
geometrischer Zusammenhang. In rechtwinkligen Kristallsystemen ergibt
er sich aus dem Satz des Pythagoras, in schiefwinkligen Systemen muß
man zu etwas aufwendigerer Trigonometrie greifen. Auf die genauen Gleichungen können wir hier verzichten. Die uns nun vertrauten Netzebenen
mit ihren Millerschen Indizes hkl sind die Grundlage für den nächsten
Abschnitt.

1.2 Umgekehrt betrachtet: das Reziproke Gitter

Erfahrungsgemäß erscheint das nun zu besprechende Reziproke Gitter zunächst sehr abstrakt und abstoßend. Wenn man sich allmählich an seinen
Gebrauch gewöhnt, wird man jedoch erkennen, daß sich viele physikalische Erscheinungen im Reziproken Gitter viel einfacher darstellen lassen als im eigentlichen, "direkten" Kristallgitter.

Die Verwendung des Reziproken Gitters ist besonders nützlich zur Beschreibung der Wechselwirkung von Strahlung (elektromagnetische Wellen
oder Teilchenstrahlung wie zum Beispiel Neutronenstrahlung geeigneter
Energie) mit periodischen Strukturen, wie sie Kristalle nun einmal darstellen. Überhaupt betrachten Physiker energetische Prozesse in Festkörpern, seien es die Energie von Schwingungen in Kristallen oder die

unterschiedlichen Energien von Elektronen in Festkörpern, üblicherweise im Reziproken Gitter.

Wie leitet sich nun das Reziproke Gitter vom direkten Kristallgitter
ab? Den Zusammenhang kann man auf mehr oder weniger abstrakte Weise
darstellen. Beginnen wir mit der weniger abstrakten Überlegung, die
auf die gerade besprochenen Netzebenen zurückgreift (Abb. 1.8).

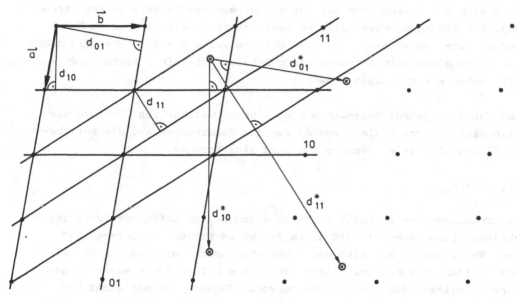

Abb. 1.8. Zum Zusammenhang zwischen dem direkten Gitter (Punkte) und
dem Reziproken Gitter (Kreuze).

Man nehme ein Gitter und zeichne soviele Scharen von Netzebenen ein,
wie man Lust hat. In Abb. 1.8 sind drei solcher Scharen zusammen mit
ihren Millerschen Indizes hk gezeigt. Dann wählt man einen beliebigen
Punkt, der nicht mit einem Gitterpunkt zusammenfallen muß. Wohin man
diesen Punkt legt, der zum Ursprung des Reziproken Gitters wird, ist
zunächst völlig gleichgültig. Dann fällt man von dem eben gewählten
Punkt das Lot auf die einzelnen Netzebenenscharen und trägt auf diesem
Lot eine Strecke ab, die umgekehrt proportional zum betreffenden Netzebenenabstand d ist:

$$d^*_{hk} \sim 1/d_{hk}$$

Damit wir dies tun können, müssen wir noch eine Proportionalitätskonstante c wählen, damit wir eine Strecke

$$d_{hk}^* = c/d_{hk}$$

festlegen können. Der Wert für die Proportionalitätskonstante c, den man sinnvollerweise verwendet, hängt nun davon ab, wozu das Reziproke Gitter gebraucht wird. Für Streuexperimente an Kristallen setzt man c oft gleich der Wellenlänge der für die Streuversuche verwendeten Strahlung. Für festkörperphysikalische Betrachtungen, wie wir sie im Folgenden anstellen wollen, setzt man üblicherweise $c = 2\pi$. (Über die praktischen Probleme beim Abtragen einer Strecke, die einen Faktor π enthält, gehen wir großzügig hinweg.)

Dann kanns losgehen: Netzebenen einzeichnen, willkürlich Ursprung des Reziproken Gitters wählen, von da aus die Senkrechten auf die Netzebenen fällen. Auf jeder Senkrechten wird eine Strecke

$$d_{hkl}^* = 2\pi/d_{hkl}$$

(im dreidimensionalen Fall) abgetragen und der so gefundene Punkt festgehalten. Dies mache man mit allen denkbaren Netzebenenscharen. Auf diese Weise ordnet man also jeder Netzebenenschar mit Indizes hkl einen ganz bestimmten Punkt zu. Alle diese Punkte bilden nun wieder ein geordnetes Gitter (das man dadurch vervollständigt, daß man nicht nur Strecken d_{hkl}, sondern auch die ganzzahligen Vielfachen hiervon, also $2d_{hkl}$, $3d_{hkl}$ usw. abträgt).

Das so erhaltene neue Punktgitter ist das Reziproke Gitter, das zu unserem direkten Ausgangsgitter gehört. Der Ausdruck "reziprok" kommt natürlich daher, daß man für die Konstruktion Strecken verwendet, die umgekehrt proportional zu Abständen im direkten Gitter sind. Das Reziproke Gitter erhält man also dadurch, daß man nach der genannten Vorschrift für jede Netzebenenschar hkl den zugehörigen Reziproken Gitterpunkt findet. Der Einfachheit halber benennt man den Reziproken Gitterpunkt mit dem Indextripel hkl, das die erzeugende Netzebenenschar charakterisiert. Das Reziproke Gitter besteht dann aus Gitterpunkten, die durch Millersche Indizes hkl bezeichnet sind.

Man sollte jetzt ohne große Schwierigkeiten einsehen, daß es an der
Geometrie des Reziproken Gitters nichts ändert, wenn man seinen Ursprung, also den Punkt, von dem aus man die Senkrechten auf den Netzebenenscharen errichtet, an eine andere Stelle verlegt: Dies bedeutet
lediglich eine Parallelverschiebung des Reziproken Gitters, ändert
aber nichts an seinem Aussehen.

Auch im Reziproken Gitter kann man nun eine Elementarzelle definieren.
Diese ist dann durch die sechs Reziproken Gitterkonstanten a^*, b^*, c^*,
α^*, β^*, γ^* bestimmt. (Es ist allgemein üblich, Größen im Reziproken
Gitter durch einen * zu bezeichnen, so wie wir es oben schon für d^*_{hkl}
getan haben.)

Natürlich hängen die Reziproken Gitterkonstanten mit den Gitterkonstanten des direkten Gitters zusammen, und bei Kenntnis der einen kann man
die anderen berechnen. Den Zusammenhang kann man direkt als Definition
des Reziproken Gitters verwenden. Hierin besteht das zweite, etwas ab-
straktere Verfahren zur Einführung des Reziproken Gitters, nämlich über
folgende Bestimmungsgleichungen:

$$\vec{a}\cdot\vec{a}^* = 2\pi \qquad \vec{a}\cdot\vec{b}^* = 0 \qquad \vec{a}\cdot\vec{c}^* = 0$$
$$\vec{b}\cdot\vec{a}^* = 0 \qquad \vec{b}\cdot\vec{b}^* = 2\pi \qquad \vec{b}\cdot\vec{c}^* = 0$$
$$\vec{c}\cdot\vec{a}^* = 0 \qquad \vec{c}\cdot\vec{b}^* = 0 \qquad \vec{c}\cdot\vec{c}^* = 2\pi$$

Die Ausdrücke der Art $\vec{a}\cdot\vec{a}^*$ bedeuten dabei die Skalarprodukte zwischen
den Vektoren. Das Skalarprodukt zweier Vektoren erhält man so: Man bildet das Produkt aus den Beträgen der beiden Vektoren und multipliziert
dieses mit dem Cosinus des Winkels zwischen den Vektoren. In obigen
Gleichungen bedeuten also Werte von null für das Skalarprodukt zweier
Vektoren, daß die beiden Vektoren aufeinander senkrecht stehen ($\cos 90^{\circ}$
= O), da die Beträge der Einheitsvektoren selbst ja schlecht null sein
können. So folgt zum Beispiel aus den Bedingungen $\vec{b}\cdot\vec{a}^* = 0$ und $\vec{c}\cdot\vec{a}^* =$
O, daß der Reziproke Einheitsvektor $\vec{a}^*$ senkrecht auf der von den Ein-
heitsvektoren $\vec{b}$ und $\vec{c}$ im direkten Gitter aufgespannten Ebene steht.

Vom Ursprung, also sozusagen dem Nullpunkt des Reziproken Gitters aus
ist jeder Reziproke Gitterpunkt durch einen Reziproken Gittervektor

$$\vec{G}_{hkl} = h\vec{a}^* + k\vec{b}^* + l\vec{c}^*$$

erreichbar. Dabei bedeuten hkl die Indizes des betreffenden Reziproken

Gitterpunktes. $\vec{G}_{hkl}$ steht senkrecht auf der Netzebenenschar mit denselben Indizes hkl.

Erinnern Sie sich noch an die Wigner-Seitz-Zelle, die eine besondere
Art der Festlegung einer Elementarzelle war? Die gleiche Konstruktion
kann man auch mit dem Reziproken Gitter durchführen, und dann sinnvollerweise gleich von seinem Ursprung aus: Man verbindet durch Reziproke
Gittervektoren den Ursprung mit den benachbarten Reziproken Gitterpunkten und errichtet in der Mitte dieser Verbindungslinien hierauf
senkrecht stehende Ebenen. Der kleinste Raum, den diese Ebenen völlig
umschließen, ist die Wigner-Seitz-Zelle des Reziproken Gitters. Auf
diese werden wir noch zurückkommen, da sie für die Behandlung von Energiezuständen im Festkörper wichtig ist. Sie ist sogar so wichtig, daß
sie einen eigenen Namen verdient: Sie wird erste Brillouin-Zone genannt (Abb. 1.9).

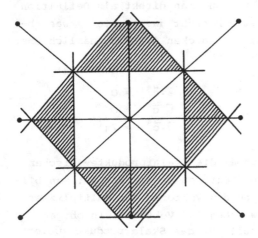

Abb. 1.9. Erste (hell) und zweite Brillouin-Zone (schraffiert) in einem
Reziproken Gitter

Natürlich gibt es dann auch eine zweite Brillouin-Zone. Diese ist das
nächstgrößere von den Mittelsenkrechten eingeschlossene Volumen, ab-
züglich der ersten Brillouin-Zone (Abb. 1.9). Analog läßt sich die
dritte Brillouin-Zone festlegen, und dann kann man das Spielchen bis
zur Erschöpfung weitertreiben.

Selbstverständlich kann man das Reziproke Gitter nicht mit Händen greifen, aber das direkte Gitter kann man ja auch nicht. Beide Gitter beschreiben auf ihre Weise die kristalline Ordnung des Festkörpers. Für
viele festkörperphysikalische Prozesse ist es einfacher, die Überlegungen hierzu im Reziproken Gitter anzustellen. Dies gilt zum Beispiel
für Streuprozesse, wie wir sie im nächsten Kapitel behandeln wollen.

1.3 Streuprozesse in Kristallgittern

Die Beugung von Röntgen- oder Neutronenstrahlung an Kristallen gehört zu den wichtigsten Methoden, mit denen sich Aussagen über den
inneren Aufbau der Kristalle machen lassen. Dies hängt damit zusammen,
daß die periodisch wiederkehrenden Abstände in Kristallgittern die
gleiche Größenordnung haben wie die Wellenlängen von Röntgenstrahlen
oder von Neutronenstrahlen geeigneter Energien, etwa ein bis zwei Ang-
ström-Einheiten (1A = 10^{-10}m). Kristalle stellen damit für solche Strahlen ein Beugungsgitter dar. Sie beugen die einfallende Strahlung in
ganz bestimmte Raumrichtungen.

Daß auch eine Teilchenstrahlung wie die Neutronenstrahlung zu Streuprozessen führt, hängt mit dem Welle-Teilchen Dualismus zusammen: Körper sehr kleiner Masse, wie sie zum Beispiel die Neutronen darstellen,
verhalten sich je nach Experiment wie ein Massepunkt (also ein "Teilchen" im engeren Sinne) oder wie eine Welle. Hat das Teilchen die Ruhe-
masse m und die Geschwindigkeit v, so ist die Wellenlänge λ der zugehörigen Materiewelle gegeben durch die de Broglie Beziehung

$$\lambda = \frac{h}{mv} .$$

Die Größe h ist eine Naturkonstante und heißt das "Plancksche Wirkungsquantum". Es stellt eine Wirkungseinheit (Energie x Zeit) dar und hat
den Zahlenwert h = $6,63 \cdot 10^{-34}$ Joule·Sekunde. Für Neutronenstrahlung
bedeutet dies, daß sich ihre Wellenlänge durch Ausfiltern von Neutronen mit einer bestimmten Fluggeschwindigkeit v einstellen läßt.

In welche Richtungen ein Kristall den einfallenden Strahl beugt, hängt
von Größe und Form der Elementarzelle, also von den Gitterkonstanten
ab. Aus dem beobachteten Streumuster, das man durch Aufzeichnung auf
einem fotographischen Film sichtbar machen kann, lassen sich daher die

Gitterkonstanten ermitteln. Außerdem spiegelt das beobachtete Streumuster bestimmte Symmetrieeigenschaften des Kristallgitters wieder,
so daß sich zum Beispiel das vorliegende Kristallsystem erkennen läßt.

Schließlich erfolgt das Abbeugen der Strahlung in den verschiedenen
Richtungen mit unterschiedlicher Stärke. Die auf den Film aufgezeich-
neten abgebeugten Strahlen, die sogenannten Reflexe, bewirken also
eine unterschiedliche Schwärzung. Beim Vermessen der Reflexe mit einem
Zählrohr erhält man entsprechend unterschiedliche Zählraten. Diese In-
tensitätsunterschiede der einzelnen Reflexe werden durch die Verteilung der Atome in der Elementarzelle bedingt. Dabei erfolgt die Beugung von Röntgenstrahlen in der Elektronenhülle, die von Neutronen an
den Atomkernen. Umgekehrt läßt sich aus den Intensitäten der einzelnen
Reflexe die Anordnung der Atome in der Elementarzelle ermitteln - also
eine Kristallstrukturanalyse ausführen.

Wir wollen nun einige der hier wirkenden Gesetzmäßigkeiten näher betrachten. Nehmen wir einen monochromatischen Röntgenstrahl mit einer
bestimmten Wellenlänge λ. Je kürzer diese Wellenlänge λ, desto größer
ist die Energie der Strahlung, gemäß der Planckschen Beziehung

$$E = h \cdot \nu$$

wobei E die Energie der Strahlung bedeutet, ν die Frequenz der Strahlung und h wieder das Plancksche Wirkungsquantum. Wellenlänge λ und
Frequenz ν sind einander umgekehrt proportional:

$$\lambda \cdot \nu = c$$

Außerdem breitet sich der Strahl in einer ganz bestimmten Richtung im
Raum aus (uns interessieren hier nur scharf gebündelte Strahlen). Wellenlänge und Ausbreitungsrichtung lassen sich zu einer neuen Größe zusammenfassen, die die Strahlung vollständig charakterisiert: den Wellenvektor $\vec{k}$.

$$\vec{k} = 2\pi/\lambda$$

(Wer sich daran stört, in dieser Definition einen Vektor einem Skalar
gleichzusetzen, möge als genauere Definition nehmen: $\vec{k} = (2\pi/\lambda)\vec{s}$, wobei $\vec{s}$ den Einheitsvektor in Ausbreitungsrichtung bedeutet. Dann ist
die Welt in Ordnung.

Ist Ihnen etwas aufgefallen? Der Wellenvektor $\vec{k}$ ist eine Größe, die man erhält, wenn man 2π durch eine Strecke dividiert (die Wellenlänge ist ja eine Strecke). So etwas hatten wir schon einmal, nämlich bei der Herleitung des Reziproken Gitters. Dabei tauchte ja die Beziehung auf

$$d_{hkl}^* = 2\pi/d_{hkl}$$

wobei d_{hkl} und λ der Strahlung auch noch ähnliche Werte haben. Konsequenz: Zum Aufzeichnen von Wellenvektoren $\vec{k}$ muß man sich in denselben Raum begeben, in dem auch das Reziproke Gitter definiert ist, eben in den Reziproken Raum. Und weil man dort mit Wellenvektoren $\vec{k}$ arbeiten kann, findet man für diesen Raum auch noch die Bezeichnung k-Raum. Und weil $\vec{k}$ wiederum ein Vektor ist, ist für diesen Raum auch der Name Vektorraum gebräuchlich.

Der Begriff des Wellenvektors ist natürlich nicht auf elektromagnetische Strahlung wie Röntgenstrahlung beschränkt. Der berüchtigte Wellen-Teilchen Dualismus bringt es ja mit sich, daß man auch bewegten Teilchen wie Neutronen oder Elektronen eine Wellenlänge zuordnen kann. Und eine Bewegungsrichtung haben sie ja auch. Also macht es kein Problem, auch für Teilchenstrahlung oder überhaupt für bewegte Teilchen einen Wellenvektor $\vec{k} = 2\pi/\lambda$ festzulegen.

Nun aber Näheres zur Beugung von Strahlung an Kristallgittern und den hierbei herrschenden Gesetzmäßigkeiten. Die einfachste Betrachtung stammt von Bragg. Dabei nimmt man an, die einfallende Strahlung würde an den einzelnen Netzebenen einer Schar mit Indizes hkl teilreflektiert. Dann löschen sich alle an den einzelnen Netzebenen einer Schar reflektierten Teilstrahlen durch Interferenz gegenseitig aus, wenn nicht der Gangunterschied zwischen ihnen genau ein ganzzahliges Vielfaches der Wellenlänge λ beträgt. Der Zusammenhang zwischen dem Netzebenenabstand d_{hkl} und dem Glanzwinkel Θ, bei dem gerade konstruktive Interferenz eintritt, ergibt sich aus der einfachen geometrischen Überlegung der Abb. 1.10.

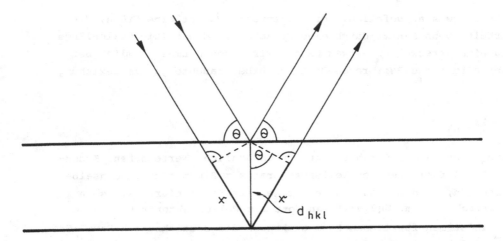

Abb. 1.10. Zur Herleitung der Braggschen Gleichung. Man beachte die
Definition des Glanzwinkels Θ als Winkel zwischen einfallendem Strahl
und der beugenden Netzebene.

Der Gangunterschied zwischen den an den beiden benachbarten Netzebenen
der Schar reflektierten Strahlen entspricht der Strecke 2x. Dabei ist
x die Gegenkathete zum Winkel Θ in einem rechtwinkligen Dreieck, dessen Hypothenuse der Netzebenenabstand d ist. Also ist x = d·sinΘ, und
der Gangunterschied 2x eben das Doppelte hiervon. Und dieser wiederum
muß genau so groß sein wie die Wellenlänge der Strahlung oder ein ganzzahliges Vielfaches hiervon. Nur dann sind die reflektierten Strahlen
in Phase. Das heißt, in allen Teilstrahlen fällt Wellenberg auf Wellenberg und Wellental auf Wellental, und es tritt konstruktive Interferenz ein. Damit haben wir als Bedingung für den Winkel Θ, unter dem
der einfallende Strahl abgebeugt wird, die Braggsche Gleichung.

$$2d_{hkl} \cdot sin\Theta = \lambda$$

Die Möglichkeit, daß auch für ganzzahlige Vielfache von λ die Braggsche Gleichung gilt, daß man also auch höhere Ordnungen der Beugung
erhält, haben wir dabei vernachlässigt. Wir folgen so dem Gebrauch der
Praktiker auf dem Gebiet der Röntgenstreuung. Diese fassen die höheren
Ordnungen der Beugung an einer Netzebenenschar als Beugung erster Ordnung an dazwischenliegenden Netzebenenscharen mit kleineren Werten von
d_{hkl} auf.

Beobachtet man zum Beispiel bei irgendeinem Wert von sin⊖ die Beugung erster Ordnung an der Netzebenenschar mit Indizes 100 (eins-null-null) (man spricht dann salopp vom "Reflex 100"), dann erhält man die zweite Ordnung der Beugung beim doppelten Wert von sin⊖. Dies ist aber gleichbedeutend mit der Beugung erster Ordnung an einer zur Schar 100 parallelen Netzebenenschar mit halb so großem Wert von d. Nach unserer Methode zur Bestimmung der Millerschen Indizes einer Netzebenenschar muß diese Schar die Indizes 200 erhalten, und die entsprechende Beugung ist der Reflex 200.

Dies klingt kompliziert, wird aber bei einem Blick auf die Abb. 1.11 vielleicht verständlicher. Der Sinn der getrennten Behandlung liegt darin, daß die verschiedenen Reflexe normalerweise unterschiedliche Intensitäten haben. Diese hängen ja von der Atomverteilung in der Elementarzelle ab. (Eine exakte Behandlung des Zusammenhanges zwischen Atomverteilung, Indizes des Reflexes und seiner Intensität führt hier zu weit. Als Ansatz einer Erklärung mag genügen, daß die einzelnen Netzebenen unterschiedlich mit Atomen besetzt sind, so daß sie den einfallenden Strahl unterschiedlich stark streuen.)

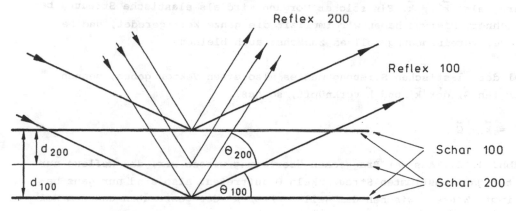

Abb. 1.11. Zusammenhang zwischen den Reflexen 100 und 200.

Falls Sie einmal gelernt haben, daß Millersche Indizes in sich teilerfremd sein müssen, daß also 200 mit 100 gleichbedeutend ist, wird Sie die Betrachtung der Abb. 1.11 vielleicht verwirren: Solange man sich nur für die Richtung einer Ebene oder einer Ebenenschar im Gitter interessiert, ist der Unterschied zwischen 100 und 200 in der Tat unerheblich. Bei Beugungsexperimenten, wie wir sie hier besprechen, kommt es aber zum einen auf den Netzebenenabstand d_{hkl} und zum anderen auf

die unterschiedliche Besetzung der Netzebenen mit Atomen an. Und hierfür sind 100 und 200 zwei völlig verschiedene Dinge, und die ganzen
Beugungsexperimente leben gerade von diesem Unterschied.

Wir könnten genauer sein und nur teilerfremde Indizes wirklich als
Millersche Indizes bezeichnen, nicht teilerfremde hießen dann Laue-
-Indizes. Aber so genau wollen wir es, dem Brauch der Praktiker fol-
gend, nicht nehmen! Die Braggsche Vorstellung von einer teilweisen Reflexion der Strahlung an den Netzebenen sollte man sowieso nicht auf
ihren physikalischen Hintergrund untersuchen. Es handelt sich hierbei
um eine rein formale Herleitung. Das Ergebnis, die Braggsche Gleichung,
bewährt sich jedoch in der Praxis und ist insofern "richtig".

Jetzt aber wollen wir uns wieder den Wellenvektoren $\vec{k} = 2\pi/\lambda$ der Strahlung zuwenden. Wenn sich bei der Beugung die Wellenlänge der Strahlung
nicht ändert, ändert sich auch nicht der Betrag von $\vec{k}$, also $|k'| = |k|$.
Dabei ändert sich auch nichts an der Energie der einzelnen Quanten der
Strahlung, die Streuung erfolgt ohne Energieübertragung auf den Kristall. Die Richtung der Strahlung jedoch ist nach der Beugung eine andere, also $\vec{k}' \neq \vec{k}$. Ein solcher Vorgang wird als elastische Streuung bezeichnet. Hiervon haben wir implizit die ganze Zeit geredet, und bei
dieser Vereinfachung soll es zunächst auch bleiben.

Bei der elastischen Streuung muß es also einen Vektor geben, nennen
wir ihn $\vec{G}$, der $\vec{k}'$ und $\vec{k}$ verknüpft, so daß

$$\vec{k}' = \vec{k} + \vec{G}$$

(Abb. 1.12). Aus der Braggschen Überlegung wissen wir, daß Reflexe nur
unter ganz bestimmten Streuwinkeln Θ auftreten. Also sind nur ganz bestimmte Winkel zwischen dem Wellenvektor $\vec{k}'$ der gestreuten und dem Wellenvektor $\vec{k}$ der einfallenden Strahlung möglich. Folglich sind in Abb.
1.12 auch nur ganz bestimmte Vektoren $\vec{G}$ zur Verknüpfung von $\vec{k}'$ und $\vec{k}$
erlaubt.

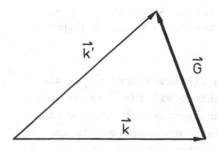

Abb. 1.12. Zum Zusammenhang von $\vec{k}$, $\vec{k}'$ und $\vec{G}$.

Dies ist ja soweit ganz einsichtig, und es wird nun einer der Gründe
klar werden, warum wir das Reziproke Gitter eingeführt haben: Die für
die elastische Streuung möglichen Vektoren $\vec{G}$ sind nämlich genau die
auf Seite 17 vorgestellten Reziproken Gittervektoren $\vec{G}_{hkl}$. Dann können
wir die Streubedingung in der Art der Abb. 1.13 darstellen:

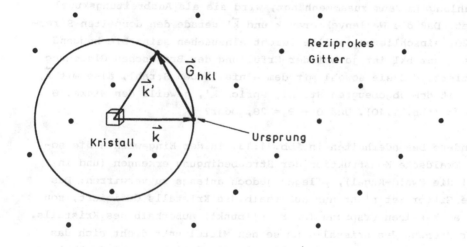

Abb. 1.13. Ewaldsche Darstellung der Streubedingung im Reziproken Gitter.

Zunächst zeichnen wir, vom Kristallmittelpunkt ausgehend, den Wellenvektor $\vec{k}$ der einfallenden Strahlung ein. Dann legen wir um den Kristall
eine Kugel (in unserer zweidimensionalen Zeichnung einen Kreis) mit

Radius $|k|$. Wegen der Bedingung für die elastische Streuung, $|k'| = |k|$, müssen vom Kristall ausgehend die Wellenvektoren $\vec{k'}$ aller abgebeugten Strahlen auf dieser Kugel enden.

Entsprechend Abb. 1.12 müssen die Reziproken Gittervektoren $\vec{G}_{hkl}$, die $\vec{k}$ mit $\vec{k}'$ verbinden, dort beginnen, wo der Vektorpfeil für $\vec{k}$ seine Spitze hat. Damit haben wir nun auch nachträglich festgesetzt, wo wir sinnvollerweise den Ursprung des Reziproken Gitters annehmen: gerade am Ende des Wellenvektors $\vec{k}$ der einfallenden Strahlung. Damit die Streubedingung erfüllt ist, muß der Endpunkt des Vektors $\vec{G}$ gerade auf der eingezeichneten Kugel liegen. In anderer Formulierung heißt das: Eine Netzebenenschar mit Indizes hkl erfüllt genau dann die Braggsche Gleichung, d.h. ist im richtigen Winkel Θ zum einfallenden Strahl orientiert, wenn der ihr zugehörige Reziproke Gitterpunkt hkl gerade auf der in Abb. 1.13 eingezeichneten Kugel liegt.

Die Richtung der Streuung ist dann auch festgelegt: genau entlang $\vec{k}'$. Da die in Abb. 1.13 gezeichnete Kugel also mit der Ausbreitung der Streustrahlung im Raum zusammenhängt, wird sie als Ausbreitungskugel bezeichnet. Daß die Wellenvektoren $\vec{k}$ und $\vec{k}'$ gerade den doppelten Streuwinkel, 2Θ, einschließen, sollte leicht einzusehen sein: Die beugende Netzebenenschar hkl ist ja bei der Erfüllung der Braggschen Gleichung so orientiert, daß sie sowohl mit dem einfallenden Strahl, also mit $\vec{k}$, als auch mit dem abgebeugten Strahl, sprich $\vec{k}'$, jeweils den Winkel Θ einschließt (Abb. 1.10). Und $\Theta + \Theta = 2\Theta$, oder?

Einige andere Besonderheiten in Abb. 1.13, in der Eingeweihte die sogenannte Ewaldsche Konstruktion der Streubedingung erkennen (und in der Kugel die Ewald-Kugel), pflegen jedoch anfangs zu verwirren: Das Reziproke Gitter ist nicht nur außerhalb des Kristalls definiert, sondern hat auch seinen Ursprung (oder Nullpunkt) außerhalb des Kristalls. Bei einer Drehung des Kristalls um seinen Mittelpunkt dreht sich das Reziproke Gitter natürlich mit (weil sich die Netzebenen mitdrehen), und zwar um seinen eigenen Mittelpunkt. Und das ist der außerhalb des Kristalls liegende Ursprung.

Bei einer solchen Drehung des Kristalls und damit des Reziproken Gitters führt ein einfallender Röntgenstrahl immer dann zu einem Reflex, wenn ein Reziproker Gitterpunkt auf die Ausbreitungskugel zu liegen kommt. Genau dann ist die zugehörige Ebenenschar so orientiert, daß die Braggsche Gleichung für den betreffenden Wert von d_{hkl} erfüllt ist. Weiterhin geht aus der Ewaldschen Konstruktion hervor, in welcher Richtung im Raum der abgebeugte Strahl verläuft. Aus der Geometrie des Reziproken Gitters läßt sich also über die Ewaldsche Konstruktion verstehen, wie die räumliche Verteilung der Reflexe aussieht.

Umgekehrt läßt sich in einem Streuexperiment aus der beobachteten räumlichen Verteilung der Reflexe die Geometrie des Reziproken Gitters und damit Form und Größe der Elementarzelle ermitteln. Aus den Intensitäten der Reflexe geht schließlich die Atomverteilung in der Elementarzelle hervor (wozu allerdings ein gewisser rechnerischer Aufwand notwendig ist.)

2 Gitterfehler

Im vorhergehenden Kapitel hatten wir einen kristallinen Festkörper als einen Körper definiert, in dem eine Fernordnung vorliegt. Hierzu muß sich ein bestimmtes Bauprinzip streng periodisch wiederholen, ohne daß dabei irgendwelche Fehler vorkommen. Dies ist natürlich eine Idealvorstellung, der kein realer Körper entspricht. Allein schon die Allgegenwart von Verunreinigungen, und sei es in noch so kleinen Konzentrationen, macht die ideale Ordnung eines Festkörpers zunichte. Solange aber Verunreinigungen und sonstige Gitterfehler, wie wir sie im Folgenden diskutieren wollen, nicht allzu gehäuft auftreten und wahllos, d.h. nicht periodisch verteilt sind, werden sie normalerweise kaum auffallen. Dies gilt vor allem für die zuvor besprochenen Beugungsexperimente, die ja auf der Periodik des Festkörpers beruhen. Alles Nichtperiodische wird dabei schlichtweg übersehen.

In anderen Eigenschaften können sich Gitterfehler, vor allem Verunreinigungen, durchaus bemerkbar machen. Sie tragen sogar oft dazu bei, die Materialeigenschaften in gewünschter Weise zu beeinflussen. Man denke nur an dotierte Halbleiter (hierauf kommen wir noch zurück), an gehärtete Werkstoffe, an die Farben vieler Edelsteine und ähnliches mehr. Wir wollen nun einige typische Gitterfehler besprechen, wobei wir nach zunehmender Ausdehnung der Störung vorgehen.

2.1 Punktdefekte

Als Punktdefekte bezeichnet man alle Gitterfehler, die sich nicht über
einen größeren räumlichen Bereich erstrecken. Einige typische Defekte
dieser Art sind in Abb. 2.1 zusammengestellt.

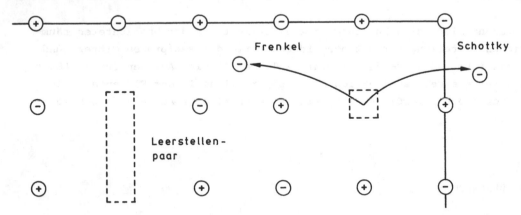

Abb. 2.1. Einige Punktdefekte

Bei einem Schottky-Defekt ist der Gitterplatz eines Atomes unbesetzt.
Das betreffende Atom ist entweder nicht vorhanden oder befindet sich
außen an der Oberfläche des Kristalls. Bei Ionenkristallen wie Kochsalz erfordert die Elektroneutralität, daß entweder Kation und Anion
fehlen, also ein Leerstellenpaar auftritt, oder daß das fehlende Ion
auf jeden Fall an der Kristalloberfläche sitzt.

Auch bei einem Frenkel-Defekt ist ein Gitterplatz leer. Das dort fehlende Atom hat sich jedoch zwischen andere gedrängelt und besetzt einen
Zwischengitterplatz. Gitterfehler dieser Art spielen bei Diffusions-
prozessen in Festkörpern eine große Rolle: Ein Atom kann von seinem
Ort auf den freien Gitterplatz springen, wobei es seinerseits eine
Leerstelle hinterläßt usw. Ein spezieller Fall sind Ionenleiter wie
zum Beispiel Silberiodid. Bei diesen kann sich unter Wirkung einer elek-
trischen Spannung eine Ionenart (hier die kleinen Silberionen) über
Zwischengitterplätze durch das Gitter der anderen Ionenart (der großen
Iodidionen) bewegen und so einen Ladungstransport bewirken.

Ist der Gitterplatz eines Ions mit einem Ion höherer Ladung besetzt, zum Beispiel Eisen(3+) anstelle eines Eisen(2+), so erfordert die Elektroneutralität, daß dafür an anderer Stelle Gitterplätze der betreffenden Ionenart frei bleiben. In der analytischen Zusammensetzung der Substanz macht sich dies durch einen Unterschuß dieser Ionenart bemerkbar, und wir haben eine nicht-stöchiometrische Verbindung vorliegen. Bei Oxiden und Sulfiden von Übergangsmetallen, die in unterschiedlichen Oxidationsstufen auftreten können, ist dies eine verbreitete Erscheinung. Zum Beispiel ist das Oxid des zweiwertigen Eisens, das "FeO", überhaupt nicht in dieser idealen Zusammensetzung zu erhalten. Es weist stets einen Unterschuß an Eisenionen auf und hat üblicherweise eine Zusammensetzung zwischen 0,90 und 0,95 Eisenionen pro Sauerstoffion.

Verunreinigungen mit Fremdatomen oder -ionen stellen immer Gitterfehler dar. Die Abb. 2.2 faßt einige Möglichkeiten solcher Defekte zusammen.

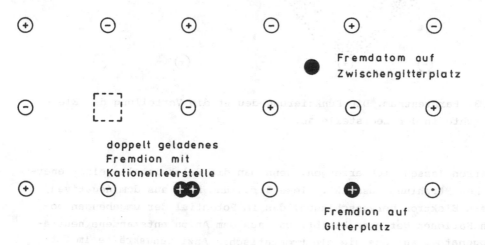

Abb. 2.2. Verunreinigungen als Punktdefekte.

Eine besondere Art von Punktdefekt sind die Farbzentren, wie man sie zum Beispiel im "Blauen Steinsalz" findet (Abb. 2.3). Dabei hat ein Anion sein überzähliges Elektron abgestreift und den Kristallverband als Neutralatom verlassen. Das Elektron bleibt an der nun leeren Anionenstelle zurück, so daß die Elektroneutralität gewahrt ist.

Dieses "gefangene" Elektron sitzt nun keineswegs still in der Mitte
des entstandenen Hohlraumes (was wegen der Heisenbergschen Unschärfe-
relation eine physikalisch sinnlose Vorstellung wäre). Vielmehr bewegt es sich im Potential der benachbarten positiven Kationen und ist
dabei über mehrere Kationen "verschmiert". Dieses leicht bewegliche
Elektron kann nun aus dem sichtbaren Licht bestimmte Energiebeträge,
sprich Quanten bestimmter Wellenlängen, absorbieren. Hierdurch erhält
das durch die Kristalle gehende Licht eine charakteristische Färbung.

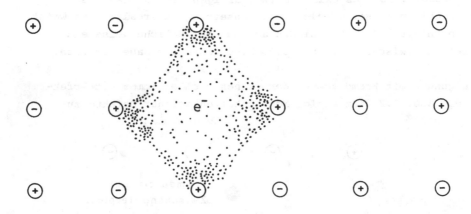

Abb. 2.3. Farbzentrum. Die Punktierung deutet die Verteilung der Elektronendichte in der Leerstelle an.

Farbzentren lassen sich erzeugen, wenn man die Salzkristalle einer energiereichen Strahlung aussetzt. Diese Strahlung kann aus dem negativen
Anion ein Elektron herausschlagen, das im Potential der umgebenden positiven Kationen gefangen bleibt. Das aus dem Anion entstandene neutra-
le Halogenatom, auf das die elektrostatischen Anziehungskräfte im Gitter nun nicht mehr wirken, wandert aus dem Kristall heraus. (Hier liegt
eine starke Ähnlichkeit zum fotographischen Prozeß vor: Auch dort wird
durch Einwirkung der Lichtstrahlung ein Elektron aus einem Halogenidion
entfernt. Nur vereinigt sich dieses Elektron mit einem Silber-Kation
und reduziert dieses zu einem neutralen Silberatom - was wiederum eine
Fehlstelle im Silberhalogenidkristall bedeutet. An diesen Silberatomen,
die als "Silberkeime" das latente Bild darstellen, setzt der reduktive
Entwicklungsprozeß ein, bei dem das sichtbare Bild entsteht. Daß sich
bei der Bestrahlung des Silberhalogenids kein Farbzentrum bildet (Elektron über mehrere Kationen verschmiert), sondern daß das Elektron sich

mit einem einzigen Silberion zum neutralen Silberatom vereinigt, hängt
mit dem im Vergleich zu Natrium edleren Charakter des Silbers zusammen).

Bei dem natürlich vorkommenden "Blauen Steinsalz" bilden radioaktive
Zerfallsprozesse im umgebenden Gestein die Quelle der energiereichen
Strahlung. Auch auf chemischem Wege lassen sich Farbzentren erzeugen,
indem man Salzkristalle im Alkalimetalldampf erhitzt.

2.2 Versetzungen

Versetzungen sind Gitterstörungen, die entlang einer Linie verlaufen.
Bei einer Stufenversetzung (Abb. 2.4) ist in das Gitter eine zusätzli-
che, völlig normale Gitterebene eingeschoben, die innerhalb des Kristalls entlang einer Versetzungslinie endet. Abbildung 2.4 zeigt die
Projektion einer solchen Versetzungslinie auf die Papierebene, die Versetzungslinie selbst muß man sich senkrecht aus der Papierebene heraus-
kommend vorstellen. Wie in Abb. 2.4 angedeutet bewirkt eine Stufenversetzung eine Verzerrung des umgebenden Gitters, bis in einiger Entfernung von der Versetzungslinie das Gitter wieder sein normales Aussehen
erhält.

Das Auftreten von Stufenversetzungen (die sich bereits beim Wachstum
des Kristalls ausbilden oder durch einen mechanischen Druck von außen
hervorgerufen werden können) beeinflußt wesentlich die mechanischen
Materialeigenschaften des Festkörpers: Unter Einwirkung einer äußeren

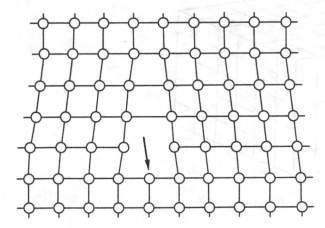

Abb. 2.4. Stufenversetzung. Gezeigt ist die Projektion der Versetzungslinie (Pfeil) auf die Zeichenebene.

Scherspannung kann eine Stufenversetzung durch das Gitter wandern, wobei sich jeweils nur wenige Atome um eine kleine Strecke verschieben
müssen (Abb. 2.5). Ein solches Wandern von Versetzungen ist für das
plastische Verformen eines Kristalls unter einer äußeren Kraft von
großer Bedeutung. Daher spielt es bei der Verformung metallischer Werkstoffe eine große Rolle.

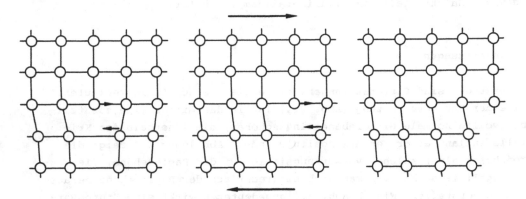

Abb. 2.5. Gleiten einer Stufenversetzung (kleine innere Pfeile) unter
Einwirkung einer äußeren Scherspannung (große äußere Pfeile).

Der zweite wichtige Typ einer Versetzung ist die Schraubenversetzung
(Abb. 2.6). Ihre Entstehung kann man sich so vorstellen, daß der Kri-

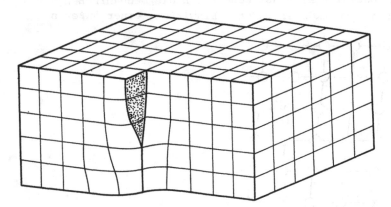

Abb. 2.6. Schraubenversetzung.

stall an einer Stelle angeschnitten wird und daß man dann den einen
Teil längs einer Versetzungslinie (Pfeil in Abb. 2.6) um eine Elemen-
tarzelleneinheit gegenüber dem anderen verschiebt. Solche Schrauben-
versetzungen werden normalerweise bereits beim Kristallwachstum angelegt. Auch sie können unter dem Einfluß einer äußeren Kraft durch das
Gitter wandern und so zur Verformbarkeit des Festkörpers beitragen.

2.3 Korngrenzen

Korngrenzen sind Flächen, entlang denen ganze Kristallbereiche ("Kör-
ner") gegenüber anderen solchen Bereichen um einen bestimmten Winkel
gekippt sind (Abb. 2.7). Der Aufbau eines Kristalls aus solchen Körnern ergibt eine mosaikartige Struktur, so daß man auch von einem Mo-
saikkristall spricht.

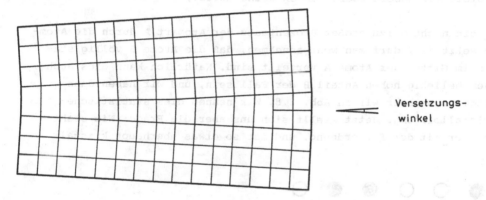

Abb. 2.7. Projektion einer Korngrenze.

Wie auch die unter 2.2 besprochenen Versetzungen sind solche Korngrenzen in realen Kristallen häufig zu finden. Diese Mosaikstruktur führt
zu einer erhöhten Sprödigkeit des Materials, da Versetzungen, die ja
für das plastische Verhalten wichtig sind, über die Korngrenzen nicht
hinauswandern können. Künstlich lassen sich Korngrenzen hervorrufen,
indem man das erwärmte Material rasch auf eine tiefe Temperatur ab-
schreckt - ein Vorgang, den man in der Technik als Härten bezeichnet.

Je nach dem Versetzungswinkel zwischen den einzelnen Körnern kann man
noch Kleinwinkelkorngrenzen und Großwinkelkorngrenzen unterscheiden.

Die letzteren stellen besonders schwerwiegende Fehler im Kristallbau
dar, an denen bevorzugt Fremdatome eingelagert werden können. Hierdurch
bilden sie auch bevorzugte Angriffspunkte für Korrosionsvorgänge und
beeinflussen somit die Haltbarkeit des Materials.

2.4 Legierungen und Fehlordnung - Ordnungs - Übergänge

Legierungen sind "feste Lösungen" zweier (oder mehrerer) Metalle in-
einander. Am einfachsten stellen wir uns die Bildung einer Legierung
so vor, daß wir einen Kristall der einen Komponente nehmen und einen
Teil der Atome durch Atome der zweiten Komponente ersetzen. Bei geeigneten Partnern geht das ganz gut, und wir sprechen von der Ausbildung
eines Mischkristalls. (Daß man Legierungen in der Praxis normalerweise
dadurch herstellt, daß man eine Schmelze aus beiden Partnern erstarren
läßt, spielt für unsere Überlegungen keine Rolle.)

Solange ein nicht allzu großer Prozentsatz der Atomart A durch die Atomart B ersetzt ist, darf man wohl annehmen, daß die Atome B völlig statistisch im Gitter der Atome A verteilt sind. Natürlich kann dies auch
bei einem beliebig hohen Anteil B der Fall sein, und wir haben dann
ein Verteilungsmuster wir in Abb. 2.8. Wir nennen dies statistische
Mischkristallbildung. Jetzt stellt sich uns aber die Frage: Wie steht
es denn hier mit der Fernordnung, und ist so etwas überhaupt kristallin?

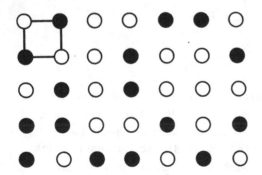

Abb. 2.8. Statistische Mischkristallbildung. Die unterschiedlichen Atomarten sind durch offene und ausgefüllte Kreise angedeutet. Die Elementarzelle ist dick umrandet.

Nun, dieser Körper ist durchaus ein Kristall, und wir haben auch eine
Fernordnung, allerdings in einem erweiterten Sinne: Von jedem Atom ausgehend findet sich in gleichem Abstand und in gleicher Richtung wieder
ein Atom. Wir können nur nicht angeben, ob es sich jeweils um ein Atom
A oder um ein Atom B handelt. Damit können wir eine Elementarzelle wie
in Abb. 2.8 definieren. Die Ecken dieser Elementarzelle bestehen im
statistischen Mittel eben zu a% aus Atomen A und zu (100-a)% aus Atomen B.

Dies ist auch das, was ein Röntgenstrahl "sieht", wenn man ihn in einen
solchen statistischen Mischkristall schickt: Eine Kristallstruktur mit
der genannten Elementarzelle. Das Beugungsmuster liefert uns eben genau diese Information: Kristall mit einer Elementarzelle der in Abb.
2.8 gezeigten Größe.

So muß es aber nicht immer sein: Bei bestimmten ganzzahligen Mengen-
verhältnissen der beiden Atomsorten, zum Beispiel 1 : 1, kann auch geordnete Mischkristallbildung eintreten (Abb. 2.9). Nun nehmen die bei-

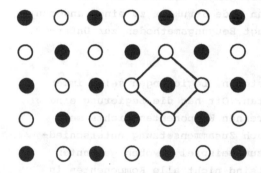

Abb. 2.9. Geordnete Mischkristallbildung. Die Elementarzelle ist dick
umrandet.

den Atomarten A und B ganz definierte Gitterplätze ein, und die Fernordnung im üblichen Sinne ist wiederhergestellt. Die Elementarzelle
ist nun größer geworden, obwohl die Abstände der Atomlagen untereinander gleich geblieben sind. Dabei kann sich auch die Symmetrie der
Elementarzelle ändern. Für strukturelle Verhältnisse dieser Art ist
auch die Bezeichnung Überstruktur geläufig. Bei Beugungsexperimenten
mit Röntgen- oder Neutronenstrahlen erhält man ein Beugungsmuster, das

der in Abb. 2.9 eingezeichneten vergrößerten Elementarzelle (Überstruk-
turzelle) entspricht.

Einen solchen Übergang zwischen einer ungeordneten und einer geordneten Mischkristallbildung findet man zuweilen nicht nur als Funktion
der Zusammensetzung, sondern auch als Funktion der Temperatur. Ein Beispiel hierfür ist die Legierung Messing (die aus Kupfer und Zink besteht). Hier beobachtet man bei einem Atomverhältnis Kupfer : Zink um
1 : 1 bei etwa 460°C einen Übergang von einer statistischen Struktur
bei hoher Temperatur zu einer geordneten Struktur bei tiefer Temperatur. Der Unterschied zwischen den beiden Strukturen ist dabei so, wie
ihn die Abb. 2.8 und 2.9 wiedergeben.

Solche Übergänge zwischen ungeordneten und geordneten Strukturen als
Funktion der Temperatur, die man nicht nur bei Legierungen, sondern
auch sonst bei Festkörpern häufig beobachtet, sind richtige Phasenübergänge. Sie entsprechen dem Schmelzen eines Festkörpers oder dem
kristallinen Erstarren einer Flüssigkeit. Die Tieftemperaturphase hat
stets den größeren Ordnungsgrad. Bei Übergängen zwischen unterschiedlichen Festkörperstrukturen, wobei dann jede Struktur zu einer anderen
festen Phase gehört, setzt man bevorzugt Beugungsmethoden zur Untersuchung ein.

Es darf jedoch nicht der Eindruck entstehen, Legierungen seien immer
so einfach zu beschreiben wie oben getan. Oft hat die Legierung eine
Struktur, die mit den Strukturen der reinen Komponenten nichts mehr
gemein hat. Außerdem können sich je nach Zusammensetzung unterschiedliche Strukturen ausbilden, wie dies zum Beispiel im oben genannten
Messing der Fall ist. Und schließlich sind nicht alle Komponenten in
beliebigen Verhältnissen miteinander im Festkörper mischbar. In diesem
Fall spricht man von einer Mischungslücke.

3 Gitterschwingungen

In unseren bisherigen Erörterungen sind wir davon ausgegangen, daß die
Atome in einem Festkörper ruhig auf ihren Gitterplätzen sitzen. Dies
ist jedoch bei einer Temperatur oberhalb des absoluten Temperaturnull-

punktes nicht der Fall. Vielmehr führen die Atome unter dem Einfluß
der anziehenden und abstoßenden Kräfte ihrer Nachbarn Schwingungen um
ihre Mittellage (= ihren Gitterplatz) aus. Mit solchen Schwingungen
sind wichtige Eigenschaften des Festkörpers verbunden, zum Beispiel
die spezifische Wärme, Wärmeleitfähigkeit, thermische Ausdehnung, auch
die Schalleitung und andere.

Gerade die spezifische Wärme, die ausdrückt, daß sich verschiedene
Festkörper bei Aufnahme gleicher Wärmemenge aus der Umgebung unterschiedlich stark erwärmen (auch wenn sie aus der gleichen Anzahl von
Teilchen bestehen, worauf bei solchen Vergleichen geachtet werden muß),
hängt mit der unterschiedlichen Anregbarkeit der Atome zu Gitterschwingungen zusammen. Andererseits können durch Messen der spezifischen Wärme als Funktion der Temperatur Theorien über die Möglichkeit von Gitterschwingungen unterschiedlicher Frequenzen experimentell überprüft
werden.

Wir wollen nun einige Aspekte solcher Schwingungen näher betrachten.
Dabei behandeln wir die einzelnen Atome nicht getrennt (was ein recht
mühsames Unterfangen wäre), sondern fassen die Einzelschwingungen zu
Wellenzügen zusammen, die als Gitterschwingungen den gesamten Festkörper durchziehen. Eine solche Gitterschwingung ist charakterisiert durch
eine bestimmte Frequenz ν und der dazu umgekehrt proportionalen Wellenlänge λ. Außerdem haben die einzelnen Schwingungen natürlich eine Ausbreitungsrichtung.

Ganz entsprechend wie wir es zuvor für Röntgenstrahlen getan haben,
können wir nun auch für Gitterschwingungen einen Wellenvektor

$$\vec{K} = 2\pi/\lambda$$

definieren. Wir wollen hierfür ein großes $\vec{K}$ verwenden, um die Wellenvektoren von Gitterschwingungen besser von denen einer Strahlung, die
wir mit einem kleinen $\vec{k}$ bezeichnet haben, unterscheiden zu können.

Falls Sie sich nicht mehr so ganz erinnern: Ein Wellenvektor ist als
ein Vektor definiert, der in die Ausbreitungsrichtung der Welle zeigt
und der den Betrag $K = 2\pi/\lambda$ hat. Wir wollen gleich einen weiteren Begriff einführen, den wir jetzt öfters verwenden werden: die Kreisfrequenz

$$\omega = 2\pi\nu$$

Diese Kreisfrequenz gebrauchen wir als Maß für die Energie, die in einer Schwingung steckt. Exakt lautet die Beziehung:

$$E = h\omega/2\pi$$

was man häufig verkürzt als

$$E = \hbar\omega$$

schreibt. Auch hier bedeutet h wieder das zuvor eingeführte Plancksche Wirkungsquantum.

3.1 Phononen

Jetzt müssen wir noch an eines denken: Es ist ein ganz allgemeines Prinzip, daß im atomaren Bereich nicht beliebige Energieunterschiede auftreten können. Vielmehr sind nur ganz bestimmte Energiestufen erlaubt (daß dies zum Beispiel für Elektronen in einem Atom der Fall ist, wird dem Leser sicherlich vertraut sein). Man formuliert dies so: Der Energieinhalt eines atomaren Systems ist gequantelt, und Energie kann nur in ganz bestimmten Energiebeträgen = Quanten aufgenommen oder abgegeben werden.

Dies gilt für die Gitterschwingungen ganz entsprechend. In einem Festkörper sind nicht beliebige Schwingungen mit beliebigen Wellenlängen λ (und damit beliebigen Kreisfrequenzen ω) möglich, sondern eben nur ganz bestimmte. Die Konsequenz für die Wellenvektoren $\vec{K}$ liegt auf der Hand: Auch diese sind gequantelt, so daß nur ganz bestimmte Wellenvektoren in einem Festkörper auftreten dürfen.

Gitterschwingungen können also nur in ganz bestimmten energetischen Schritten angeregt oder ausgelöscht werden. Eine solche Einheit (ein Quant) einer Gitterschwingung heißt Phonon. Man möge es bitte nicht mit dem Quant einer elektromagnetischen Strahlung, dem Photon, verwechseln. In der flotten Ausdrucksweise der Festkörperphysiker bezeichnet man nun die Anregung einer bestimmten Gitterschwingung als Erzeugung eines Phonons (mit natürlich genau definierter Energie $E = \hbar\omega$), und das Auslöschen einer Gitterschwingung als Vernichtung eines Phonons. Woher die dafür notwendigen Energiebeträge kommen und wohin sie gehen, werden wir gleich behandeln. Zunächst wollen wir uns jedoch noch einige Gedanken über den Zusammenhang zwischen Kreisfrequenz und Wellenvektor einer Gitterschwingung sowie über die Quantelung machen.

3.2 Dispersionsbeziehung von Phononen

Die Kreisfrequenz ω und damit die Energie $E = \hbar\omega$ einer Gitterschwingung wird natürlich von deren Wellenvektor $\vec{K}$ abhängen, also von ihrer Wellenlänge und der Richtung, in die die Schwingung läuft. Die Kreisfrequenz ω als Funktion von $\vec{K}$ dargestellt,

$$\omega = f(\vec{K})$$

wird als Dispersionsbeziehung bezeichnet und kann graphisch als Dispersionskurve dargestellt werden.

Gehen wir hierzu von einem einfachen Beispiel aus, einer (eindimensionalen) Kette aus gleichen Atomen (Abb. 3.1). Gezeichnet sind die

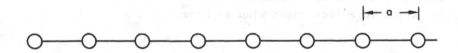

Abb. 3.1. Eindimensionales einatomiges Gitter

Atome in ihrer mittleren Lage, also an ihren Gitterplätzen. Der Abstand zwischen den Atomen ist dann die Gitterkonstante a (eine andere gibt es in einer Dimension nicht). Verrücken wir nun eines dieser Atome aus seiner Lage, so erfährt es eine rücktreibende Kraft: es wird von dem Nachbaratom, dem es zu nahe kommt, abgestoßen, von dem anderen angezogen. Lassen wir es los, kehrt es wie von einer Feder getrieben in die Ausgangslage zurück. Wegen seiner Masseträgheit schießt es über die Mittellage hinaus, wird wieder zurückgetrieben, und wir haben eine Schwingung angeregt. Diese Schwingung läßt sich genau wie diejenige eines Pendels oder einer Feder mit einer Schwingungsgleichung beschreiben, aus der man bei bekannter Rückstellkraft und bekannter träger Masse die Frequenz der Schwingung und damit die Kreisfrequenz ω ausrechnen kann.

Die Wellenlänge λ einer Schwingung dieser einatomigen Kette kann sich nun über viele Gitterkonstanten a erstrecken (Abb. 3.2), also beliebig große Werte annehmen, wenn wir uns die Kette als unendlich lang denken. Die Kreisfrequenz ω, die ja umgekehrt proportional zu λ ist, kann also beliebig klein werden.

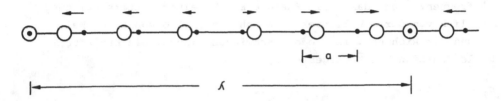

Abb. 3.2. Schwingung einer eindimensionalen Atomkette. • mittlere Atomlage, O ausgelenktes Atom zu einem bestimmten Zeitpunkt.

Umgekehrt gilt das nicht! Die Wellenlänge der Schwingung unserer Kette kann nämlich nicht beliebig klein werden. Die Schwingung mit der kleinsten möglichen Wellenlänge ist die in Abb. 3.3, bei der jeweils zwei benachbarte Atome um die maximale Auslenkung zusammen- oder auseinandergerückt sind. Kleinere Wellenlängen sind sinnlos.

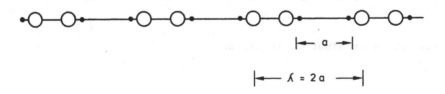

Abb. 3.3. Schwingung kleinster Wellenlänge (λ = 2a) einer einatomigen Kette.

Es gibt also einen Maximalwert ω_{max} für die Kreisfrequenz der Schwingung, der von der Gitterkonstanten a abhängt: ω hat seinen größten Wert bei einer Wellenlänge λ = 2a.

Wir wollen uns dies nun im Bild des Reziproken Gitters betrachten. Zunächst zeichnen wir uns das zu dem eindimensionalen Gitter der Abb. 3.1
gehörende Reziproke Gitter auf (Abb. 3.4). Dabei gehen wir ähnlich vor
wie bei der Einführung des Reziproken Gitters auf Seite 15: Von irgend
einem Nullpunkt ausgehend tragen wir in einer Richtung parallel zur
Gitterrichtung a (eine andere Richtung gibt es in unserem "eindimensionalen Kristall" ja auch gar nicht) die Strecke a* = 2π/a ab. Von
dem so gefundenen Reziproken Gitterpunkt aus machen wir das gleiche,
und so weiter. Wir erhalten so eine Kette von Reziproken Gitterpunkten,
die vom Ursprung aus die Strecken plus oder minus (da beide Richtungen
gleichwertig sind) n·2π/a entfernt sind, wobei n für irgendeine natürliche Zahl steht.

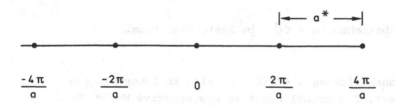

$$\frac{-4\pi}{a} \qquad \frac{-2\pi}{a} \qquad 0 \qquad \frac{2\pi}{a} \qquad \frac{4\pi}{a}$$

Abb. 3.4. Reziprokes Gitter zum direkten Gitter der Abb. 3.1

In diesem Reziproken Gitter können wir mit den Wellenvektoren $\vec{K}$ der
Gitterschwingungen arbeiten, die ja im Reziproken Raum definiert sind.
Aus der Definition $\vec{K} = 2\pi/\lambda$ folgt, daß ein minimaler Wert für λ einen
Maximalwert für $\vec{K}$ zur Folge hat:

$$\lambda_{min} = 2\pi/\vec{K}_{mx}$$

Da wir schon wissen, daß der kleinste mögliche Wert für λ gleich 2a
ist, ergibt sich

$$\lambda_{min} = 2a = 2\pi/\vec{K}_{mx}$$

Hieraus folgt: Der Maximalwert für den Wellenvektor $\vec{K}$ einer Gitterschwingung ist gerade gleich π/a. Größere Werte für $\vec{K}$ sind physikalisch
unsinnig.

Wir können nun die Dispersionsbeziehung $\omega = f(\vec{K})$ als Dispersionskurve in einem Diagramm der Art Abb. 3.5 auftragen, in dem das Reziproke Gitter die Abszisse darstellt.

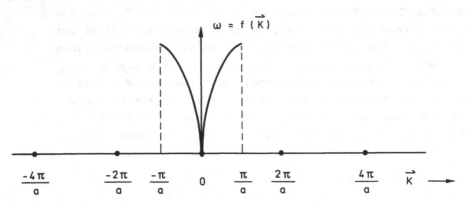

Abb. 3.5. Dispersionsbeziehung $\omega = f(\vec{K})$ im Reziproken Raum.

Die Phononendispersionsbeziehung $\omega = f(\vec{K})$ ist also im Intervall von $-\pi/a$ bis $+\pi/a$ definiert. Daß sowohl positive wie negative Werte für $\vec{K}$ auftreten, heißt eben, daß die Gitterschwingung hin und her laufen kann. Nun ist es aber gleichgültig, von welchem Reziproken Gitterpunkt aus wir die Dispersionskurve auftragen. Wir können also die Dispersionskurve von jedem Reziproken Gitterpunkt aus beginnen lassen. Dann kommen wir zu dem Bild der Abb. 3.6. Diese Darstellung spiegelt ja nichts anderes als die Periodizität des Gitters wieder. Genau so, wie es genügt, den strukturellen Bau eines Kristalls nur in einem kleinen Bereich, der Elementarzelle, zu beschreiben - alles Andere ergibt sich durch periodisches Aneinanderreihen -, so genügt es für die energetischen Verhältnisse, nur einen kleinen Teil des k-Raumes zur Beschreibung heranzuziehen. Abbildung 3.5 zeigt genau den Bereich, den man benötigt. Zur Abb. 3.6 gelangen wir dann durch ein periodisches Wiederholen. Wir kennen diesen Teil des Reziproken Raumes bereits: Er entspricht genau der in Abb. 1.9 erklärten ersten Brillouin-Zone. Verallgemeinert sehen wir hieraus die Bedeutung, die die erste Brillouin-Zone für die Betrachtung energetischer Beziehungen in Festkörpern hat: Sie ist die "Elementarzelle" des energetischen Geschehens.

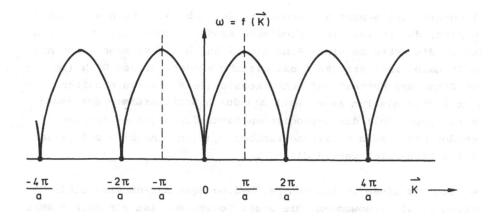

$$\omega = f(\vec{K})$$

$-\dfrac{4\pi}{a}$ $-\dfrac{2\pi}{a}$ $-\dfrac{\pi}{a}$ 0 $\dfrac{\pi}{a}$ $\dfrac{2\pi}{a}$ $\dfrac{4\pi}{a}$ $\vec{K}\longrightarrow$

Abb. 3.6. Periodisch aufgetragene Dispersionsbeziehung.

Eine Phononendispersionsbeziehung wie die in Abb. 3.5 gibt nun zwar
an, welcher Wert für ω zu welchem Wellenvektor $\vec{K}$ gehört, sagt aber noch
nichts darüber aus, ob diese Werte von ω und $\vec{K}$ nach der Quantenbedin-
gung überhaupt vorkommen dürfen. Um zur Quantelung der Gitterschwingungen
zu kommen, wenden wir einen für solche Probleme bekannten Formalismus
an: wir führen Randbedingungen ein. Damit ist gemeint, daß wir an das
betrachtete System (was es auch immer sei, ein Atom, ein Kristall oder
sonst etwas) Bedingungen stellen, die uns physikalisch sinnvoll erschei-
nen. So kann man zum Beispiel, wenn man die Quantelung der Elektronenenergien in einem Atom finden will, die Randbedingung stellen, daß sich
in sehr großer Entfernung vom Atomkern keine zum Atom gehörenden Elektronen mehr aufhalten sollen.

Bei festkörperphysikalischen Problemen wählt man gerne "periodische
Randbedingungen". Damit ist gemeint, daß sich nach einer großen Strecke
L, die sehr groß ist im Vergleich zur Elementarzellenlänge a, exakt die
gleichen Verhältnisse wiederfinden. Für eine Gitterschwingung heißt
dies: Ist irgendein Atom gerade um den Betrag x aus seiner Mittellage
ausgelenkt, so soll sich diese Auslenkung nach einer großen Strecke L
= N·a (N sei eine große ganze Zahl) wiederfinden. Und dies sei so für
jedes Atom.

Auf den ersten Blick erscheint diese periodische Randbedingung als mu-
tig, ein kleiner Trick macht jedoch ihren Sinn deutlich: Nehmen wir

nochmal unsere eindimensionale Atomkette der Abb. 3.1. Wenn wir sicher
gehen wollen, daß in ihr die periodische Randbedingung gilt, so biegen
wir einfach die Kette zu einem Ring mit Umfang L = N·a. Dann kommt mit
Sicherheit nach einer Strecke L das gleiche wieder. Diesen Dreh (im
wahrsten Sinne des Wortes) auf mehrdimensionale Körper zu erweitern,
erfordert nichts als Fantasie. Weil man durch Zurückkrümmen des Festkörpers auf jeden Fall die periodischen Randbedingungen einstellen
kann, werden diese auch zyklische Randbedingungen genannt - und dieser
Begriff ist sicherlich verständlicher.

Jetzt wollen wir diese zyklischen Randbedingungen auf unseren eindimensionalen Kristall anwenden. Die erste Konsequenz ist ein oberer Wert
für die Wellenlänge λ einer Gitterschwingung (den Minimalwert hatten
wir ja schon auf Seite 40 gefunden: 2a), nämlich gerade L = N·a. Schwingungen mit größerer Wellenlänge gibt es nicht, wenn nach der Länge L
exakt das gleiche wieder kommen soll. Und das genügt auch schon, die
Wellenvektoren $\vec{K}$ zu quanteln! Denn wenn es einen maximalen Wert für λ
gibt, dann muß es gemäß der Definition des Wellenvektors einen mini-
malen Wert für $\vec{K}$ geben. Natürlich außer dem trivialen $\vec{K}$ = 0, wenn nämlich garkeine Schwingung angeregt ist.

Für λ sind nun folgende Werte erlaubt, in Richtung kürzerer Wellenlängen geordnet (alle anderen widersprechen der zyklischen Randbedingung):

$$\lambda = L, L/2, L/3, \dots 2a$$

Daher kann $\vec{K}$ = $2\pi/\lambda$, man braucht es fast nicht mehr hinzuschreiben,
nur diese Werte annehmen:

$$\vec{K} = 2\pi/L, 4\pi/L, 6\pi/L, \dots \pi/a$$

und die entsprechenden negativen Werte, weil die Wellen eben in beide
Richtungen laufen.

Damit ist die gesuchte Quantelung gegeben: Es kommen nur ganz diskrete
Werte von $\vec{K}$ vor, die in Intervallen $2·n·\pi/L$ aufeinander folgen. Dazu
gehören dann gemäß der Dispersionsbeziehung die entsprechenden Werte
für die Kreisfrequenz ω. Bei einigermaßen großen Werten für L, wie sie
in realen Kristallen auftreten, liegen die erlaubten Werte für $\vec{K}$ aller-

dings so dicht, daß wir in erster Näherung ruhig eine kontinuierliche
Verteilung annehmen dürfen.

Daß wir den Zusammenhang zwischen ω und $\vec{K}$ nur in der allgemeinen Form
einer Dispersionsbeziehung ω = f($\vec{K}$) angeben und die Funktion nicht explizit hinschreiben, hat natürlich seinen guten Sinn: Der genaue Zusammenhang ist nämlich von Festkörper zu Festkörper verschieden, da er
von der Art der rückstellenden Kräfte abhängt. Daher wollen wir uns
mit der graphischen Darstellung des prinzipiellen Verlaufes, wie in
Abb. 3.5, begnügen. Da das zugrunde liegende Modell, die einatomige
Kette, natürlich eine starke Vereinfachung im Vergleich zu realen Kristallen darstellt, ist eine Dispersionskurve wie in Abb. 3.5 ebenfalls
eine starke Vereinfachung. Wir werden daher die Abb. 3.5 noch zu ergänzen haben.

Zunächst jedoch wollen wir uns im folgenden Abschnitt mit der experimentellen Bestimmung der Dispersionskurve befassen.

3.3 Inelastische Streuprozesse

Den Begriff der elastischen Streuung hatten wir schon kennengelernt:
eine Streuung, bei der der Betrag des Wellenvektors der Strahlung gleich
bleibt, |k| = |k′|. Dies ist gleichbedeutend mit der Feststellung, daß
sich die Energie der einzelnen Quanten der Strahlung bei der Streuung
nicht ändert.

Inelastische Streuung bedeutet nun gerade das Gegenteil: |k| ≠ |k′|.
Das heißt, es findet ein energetischer Austausch mit dem streuenden
Gitter statt. Entweder gibt die Strahlung Energie an das Gitter ab
(|k|>|k′|), oder, was seltener geschieht, sie nimmt Energie aus dem
Gitter auf (|k|<|k′|). Die vom Gitter aufgenommene Energie (die sich
dadurch bemerkbar macht, daß die Strahlung nach der Streuung eine grös-
sere Wellenlänge und damit energieärmere Quanten hat) wird zur Anregung
einer Gitterschwingung verwendet: Es wird ein Phonon erzeugt. Umgekehrt
wird bei der Energieaufnahme der Strahlung aus dem Gitter eine Gitterschwingung gelöscht, ein Phonon vernichtet.

Schematisch kann man dies in der Art der Abb. 3.7 darstellen. Dabei
wählen wir für die Pfeile verschiedene Symbole, um die Photonen, die

Quanten der Strahlung, von den Phononen, den Quanten der Gitterschwingungen, zu unterscheiden. Diese Zeichnung sagt in Worten: Ein Photon

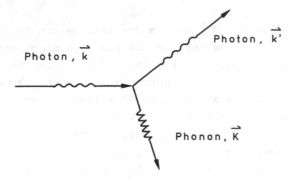

Abb. 3.7. Schematische Darstellung eines inelastischen Streuprozesses
unter Erzeugung eines Phonons.

einer einfallenden Strahlung regt eine Gitterschwingung an, erzeugt
(emittiert) also ein Phonon mit Wellenvektor $\vec{K}$. Die dafür notwendige
Energie wird der Strahlung entzogen, so daß dabei ein neues Photon mit
geringerer Energie und damit einem kleineren Wert für $|k'|$ entsteht.
Dabei gilt der Zusammenhang $\vec{k} = \vec{k'} + \vec{K}$.

Dieses Geschehen kann nun noch dadurch kompliziert werden, daß bei der
Anregung der Gitterschwingung gleichzeitig eine Beugung, also eine Bragg-
Reflexion der Strahlung eintritt, wie wir sie auf Seite 24 diskutiert
haben. Die Abb. 3.7 ist dann noch durch einen Reziproken Gittervektor
zu ergänzen (vergl. Abb. 1.12), und wir gelangen zu einem Diagramm wie
in Abb. 3.8. Nun gilt $\vec{k} + \vec{G} = \vec{k'} + \vec{K}$. Umgekehrt kann die Bragg-Reflexion
natürlich auch mit der Vernichtung (= Absorption) eines Phonons ver-
bunden sein. Dann hat die gestreute Strahlung Energie aus dem Gitter
aufgenommen. (Daß in Abb. 3.8 der Wellenvektor für das erzeugte Photon, $\vec{k'}$, vom Ende des Pfeiles für das anregende Photon, $\vec{k}$, zu dessen
Anfang parallel verschoben ist, vereinfacht die Zeichnung und stört
hoffentlich nicht den Vergleich mit Abb. 3.7).

Der Energieverlust der Strahlung bei Anregung von Phononen kann nun
experimentell verfolgt werden. In der Praxis benutzt man hierfür meist
Neutronenstreuung, da hierbei der Effekt am ausgeprägtesten ist. Die
verwendeten Neutronen, die man aus einem Kernreaktor herausführt, sollen nicht allzu energiereich sein, d.h. nicht zu kurze Wellenlängen

haben. Man spricht dann von "thermischen" oder gar von "kalten" Neu-

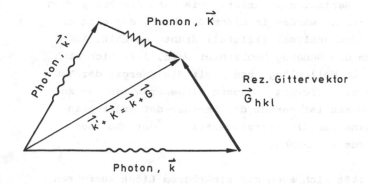

Abb. 3.8. Inelastische Streuung verbunden mit Bragg-Reflexion.

tronen. In Abb. 3.9 ist der experimentelle Aufbau eines Neutronenspektrometers schematisch gezeigt: Durch Bragg-Reflexion an einem Mono-
chromatorkristall werden aus dem Neutronenstrahl Neutronen definierter
Wellenlänge (und damit mit definiertem Wellenvektor $\vec{k}$) herausgefiltert.

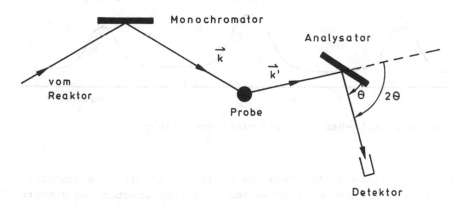

Abb. 3.9. Schema eines Neutronenspektrometers.

Diese nun monochromatisierten Neutronen läßt man in die Probe eindringen,
in der sie Phononen anregen können. Beim Verlassen der Probe haben sie
dann eine andere Wellenlänge und damit einen anderen Wellenvektor $\vec{k'}$.

Diese Wellenlänge bestimmt man, indem man die gestreuten Neutronen auf einen Analysatorkristall treffen läßt. Man dreht dabei den Analysator so lange, bis an ihm Bragg-Reflexion eintritt. Die nach der Braggschen Gleichung abgebeugten Neutronen werden in einem Detektor, der sich um eine gemeinsame Achse mit dem Analysatorkristall dreht, gezählt. Aus dem Streuwinkel Θ, bei dem die Beugung beobachtet wird, läßt sich nach der Braggschen Gleichung die Wellenlänge und damit die Energie der Neutronen berechnen. Die Energiedifferenz zwischen eingestrahlten und an der Probe gestreuten Neutronen ist gerade die Energie der angeregten Gitterschwingung. Damit kann man die Energieverteilung der Phononen messen, das Phononenspektrum aufnehmen.

Ein ähnliches Experiment läßt sich auch mit sichtbarem Licht ausführen. Auch Lichtwellen können im Kristall Gitterschwingungen anregen oder Energie aus Gitterschwingungen aufnehmen. Man bezeichnet diesen Vorgang als Brillouin-Streuung, die einen Spezialfall des Raman-Effektes darstellt. Hierbei strahlt man monochromatisches Licht (vorzugsweise Licht eines Lasers) in die Probe und untersucht das Streulicht auf darin vorhandene veränderte Wellenlängen. Man erhält dann eine Intensitätsverteilung des gestreuten Lichtes, wie sie in Abb. 3.10 gezeigt

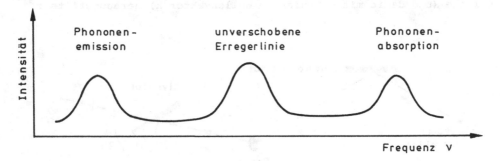

Abb. 3.10. Brillouin-Streuung des sichtbaren Lichtes

ist. Neben dem einfach elastisch gestreuten Licht mit unveränderter Frequenz beobachtet man auch Streulicht mit erniedrigten und erhöhten Frequenzen. Dieses Licht hat in der Probe Phononen erzeugt beziehungsweise absorbiert.

3.4 Verschiedene Schwingungsarten: Phononenzweige

Wir müssen nochmal auf unsere eindimensionale Atomkette der Abb. 3.1
zurückkommen, weil es noch weitere Schwingungsformen gibt. Bisher haben wir nur eine Schwingungsmöglichkeit der Kette betrachtet (Abb. 3.2
und 3.3), nämlich die Auslenkung der Atome in Kettenrichtung. Dies führt
zu einer Longitudinalschwingung. Die Auslenkung kann jedoch auch senkrecht zur Kettenrichtung erfolgen (Abb. 3.11). Dies nennt man eine
Transversalschwingung. Nun werden im allgemeinen die rückstellenden

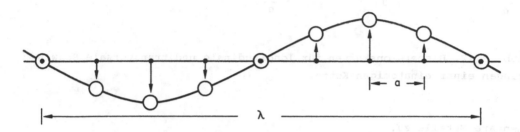

Abb. 3.11. Transversalschwingung einer einatomigen Kette.

Kräfte senkrecht zur Kettenrichtung anders (normalerweise kleiner) sein
als in Kettenrichtung: Zur Anregung von Longitudinal- oder Transversal-
schwingungen benötigt man daher unterschiedliche Energien, auch wenn
die Schwingungen gleiche Wellenlängen und damit gleiche Wellenvektoren
$\vec{K}$ haben.

Unsere Phononendispersionsbeziehung (Abb. 3.5) war also zu einfach dargestellt. Wir müssen noch berücksichtigen, daß ein Wellenvektor $\vec{K}$ ja
zu einer Longitudinal- oder zu einer Transversalschwingung gehören
kann. Wir erhalten dann das erweiterte Diagramm der Abb. 3.12, in dem
die unterschiedlichen Energien (und damit Kreisfrequenzen ω) der longitudinalen und der transversalen Schwingungen berücksichtigt sind.

Nun müssen wir noch das Modell der einatomigen Kette ein wenig erweitern. Denn dieses Modell, das einen eindimensionalen Ausschnitt aus
einem Kristall darstellen soll, ist in den wenigsten Fällen zutreffend.
Es ist eine starke Vereinfachung, denn es besagt ja, daß die Elementarzelle nur eine Atomart enthalten soll und alle Atome den gleichen Abstand zu ihren Nachbarn haben. Dies trifft höchstens für einige ele-

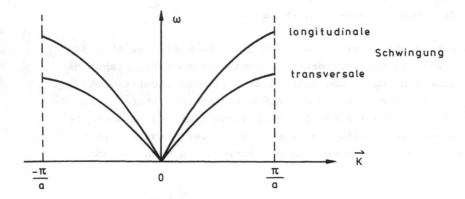

Abb. 3.12. Dispersionskurven für longitudinale und transversale Schwingungen einer einatomigen Kette.

mentare Metalle zu.

Betrachten wir den nächst allgemeineren Fall (Abb. 3.13), eine zweiatomige Kette, wie sie zum Beispiel einen Ausschnitt aus der Kristallstruktur von Kochsalz darstellen könnte. Benachbarte Atome tragen in diesem Beispiel unterschiedliche Ladungen, was für die folgende Diskussion ganz nützlich ist.

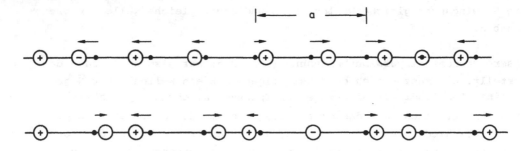

Abb. 3.13. Zwei unterschiedliche longitudinale Schwingungsmöglichkeiten einer zweiatomigen Kette.

In Abb. 3.13 sind zwei prinzipiell verschiedene longitudinale Schwingungen (Schwingungsmoden oder kurz Moden, wie es vornehm heißt) ge-

zeigt. Im ersten Fall schwingen die beiden unterschiedlichen Ionenarten gleichsinnig. Dies gleicht dem Durchlaufen einer Schallwelle durch
das Gitter und entspricht der Longitudinalschwingung, die wir bisher
kennengelernt haben. Bezeichnen wir diese Schwingungsform in Zukunft
als akustische Schwingung, oder als akustische Mode.

Im zweiten Fall schwingen die beiden entgegengesetzt geladenen Ionenarten gegensinnig. Dies bedeutet eine Schwingung elektrischer Dipole,
die durch eine elektromagnetische Welle (Lichtwelle) angeregt werden
kann. Diese Schwingungsform wollen wir eine optische Mode nennen. Und
dies soll gleich verallgemeinert werden: Wir nennen eine Schwingung
akustisch, wenn die unterschiedlichen Atome gleichsinnig schwingen,
optisch, wenn die Auslenkung jeweils entgegengerichtet ist, unabhängig
davon, ob die Atome Ladungen tragen oder nicht.

Was nun den Longitudinalschwingungen recht ist, ist den Transversal-
schwingungen schon lange billig: Die Auslenkung der beiden Ionenarten
kann gleichsinnig ("in Phase") oder entgegengesetzt sein ("außer Phase"), Abb. 3.14. Auch hierbei entsteht im zweiten Fall ein elektrischer
Dipol, so daß wir von einer optischen Mode reden. Die gleichsinnige
Auslenkung entspricht dann einer akustischen Mode.

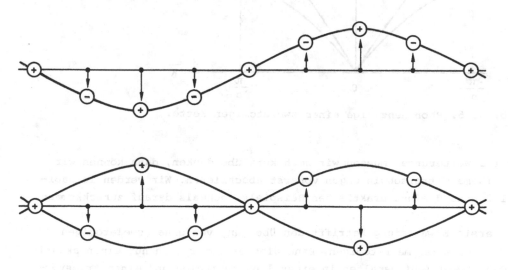

Abb. 3.14. Akustische (oben) und optische (unten) transversale Moden.

Alle diese Schwingungen haben nun bei einem gegebenen Wellenvektor $\vec{K}$
im allgemeinen unterschiedliche Energien und Kreisfrequenzen. In der
Dispersionsbeziehung finden wir daher verschiedene Zweige (Abb. 3.15):
einen longitudinalen und einen transversalen optischen Zweig (LO und
TO) sowie einen longitudinalen und einen transversalen akustischen
Zweig (LA und TA). Der genaue Verlauf der einzelnen Zweige hängt dabei
noch vom Massenverhältnis der Atome ab. Experimentell wird er wieder
durch inelastische Neutronenbeugung bestimmt.

Die akustischen Zweige haben bei einem Wellenvektor null auch keine
Energie: diese Schwingung ist gar nicht da. Die optischen Zweige haben
hier jedoch ein Maximum. Diejenige Schwingung hat die maximale Energie,
bei der die Auslenkung in allen Elementarzellen zu jeder Zeit die gleiche ist. Da diese Schwingung auf der Stelle tritt, hat sie $\vec{K}$ = O.

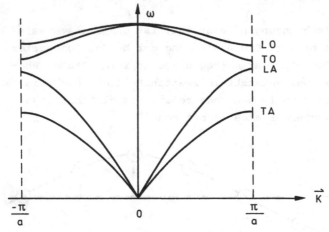

Abb. 3.15. Phononenzweige einer zweiatomigen Kette.

Zwei Erweiterungen müssen wir noch kurz überdenken, dann können wir
das Thema Gitterschwingungen vorerst abschließen. Wir werden in Kapitel 8 anhand eines praktischen Beispiels nochmals darauf zurückkommen.

Die erste Erweiterung betrifft den Übergang von einer zweiatomigen
Kette zu einer mehratomigen. Dann gibt es immer noch nur einen akustischen Zweig (aufgespalten in einen longitudinalen und einen transversalen), da es auch für viele Atome nur eine einzige Möglichkeit gibt,
gleichsinnig zu schwingen. Für die gegensinnigen Schwingungen, die zu
den optischen Zweigen führen, gibt es aber viele unterschiedliche Mög-

lichkeiten. Die Zahl der optischen Zweige, jeweils aufgespalten in longitudinale und transversale, erhöht sich also mit zunehmender Komplexität der Struktur.

Der Übergang von der eindimensionalen Kette zum realen dreidimensionalen Kristall macht gar kein Problem: Wir betrachten diesen Kristall einfach aus vielen eindimensionalen Ketten zusammengesetzt, die in unterschiedliche Richtungen laufen. Allzuviele verschiedene Richtungen müssen wir dabei gar nicht berücksichtigen, da viele durch die Symmetrie des Kristalls gleichwertig werden. Außerdem genügt es in der Praxis, die Gitterschwingungen nur entlang einiger ausgezeichneter Richtungen zu vermessen.

Wir müssen dann nur die Dispersionsbeziehung der Abb. 3.15 jeweils in verschiedenen Richtungen im Kristall betrachten, die durch die Richtung des Wellenvektors $\vec{K}$ bezeichnet sind. Auch dies gelingt mit einem Neutronenspektrometer wie in Abb. 3.9, wobei man als Probe einen großen Einkristall verwendet. Man muß nur wissen, in welcher Richtung relativ zu den Elementarzellenachsen der einfallende Neutronenstrahl den Kristall trifft. Es muß also bekannt sein, wie die Elementarzelle relativ zur äußeren Kristallform liegt. Dies klingt vertrackt, läßt sich aber durch elastische Röntgen- oder Neutronenbeugung ermitteln. Nun braucht man nur noch den Kristall auf dem Spektrometer relativ zum Neutronenstrahl zu drehen, um Gitterschwingungen in unterschiedlichen Richtungen im Gitter anzuregen. Das Spektrum setzt sich dann aus mehreren Einzelabbildungen der Art Abb. 3.15 zusammen, wobei jeweils $\vec{K}$ in eine andere Richtung zeigt.

4 Magnetische Eigenschaften

4.1 Dia- und Paramagnetismus

Bringt man Materie in ein Magnetfeld (mit Feldstärke H), so wird diese magnetisiert: In ihrem Innern entsteht auch ein Magnetfeld, dessen Stärke sich üblicherweise von der des äußeren Feldes unterscheidet. Im allgemeinen verschwindet die Magnetisierung wieder, wenn man das äußere Magnetfeld entfernt. Ist dies nicht der Fall, dann haben wir einen Permanentmagneten vorliegen.

Die Magnetisierung M der Substanz (definiert als magnetisches Moment pro Volumeneinheit) ist bei den meisten Stoffen der Feldstärke H des sie hervorrufenden äußeren Magnetfeldes proportional, so daß gilt

$$M = \chi \cdot H$$

Die Proportionalitätskonstante χ wird magnetische Suszeptibilität genannt. Sie ist eine dimensionslose Zahl, muß also nicht mit einer Maßeinheit versehen werden.

Die Magnetisierung der Substanz kann dabei dem äußeren Magnetfeld entgegengerichtet oder ihm gleichgerichtet sein. Im ersteren Fall nennt man die Substanz diamagnetisch. Experimentell zeigt sich Diamagnetismus dadurch, daß man eine Kraft aufbringen muß, wenn man die Probe in ein Magnetfeld hineinbringen will. Anders formuliert: eine diamagnetische Substanz wird aus einem (inhomogenen) Magnetfeld hinausgedrängt. Diese der äußeren Feldrichtung entgegengesetzte Magnetisierung kennzeichnen wir dadurch, daß wir der magnetischen Suszeptibilität χ ein negatives Vorzeichen geben.

Substanzen sind dann diamagnetisch, wenn sich die magnetischen Momente, die mit den Elektronen verbunden sind und die man durch ihren Spin ausdrückt, gegenseitig gerade kompensieren. Dies bedeutet, daß es für jedes Elektron mit einer bestimmten Richtung seines magnetischen Momentes - seines Spins - auch ein Elektron mit genau entgegengesetzter Spinrichtung gibt. Die Elektronen sind dann "gepaart", und die einzelnen magnetischen Momente heben sich gegenseitig auf. Bei solchen diamagnetischen Substanzen ist die (definitionsgemäß negative) magnetische Suszeptibilität klein und unabhängig von der Temperatur.

Sind in der Substanz ungepaarte Elektronen vorhanden, so richten sich deren Spins in Richtung des äußeren Magnetfeldes aus und verstärken dieses. Als Folge hiervon wird die Probe an den Ort der größten äußeren Feldstärke gezogen. Sich so verhaltende Substanzen nennt man paramagnetisch. Die magnetische Suszeptibilität χ erhält dann ein positives Vorzeichen. Ihr Absolutbetrag pflegt wesentlich größer zu sein als bei diamagnetischen Substanzen.

Bei normal paramagnetischen Substanzen - hiervon klammern wir ferromagnetische und ähnliche Substanzen mit speziellen Eigenschaften aus,

die wir später besprechen werden - ist χ wieder unabhängig von der
äußeren Feldstärke H. Es zeigt jedoch eine Abhängigkeit von der Temperatur, da die Temperaturbewegung der Bausteine der Substanz das Ausrichten der Spins nach dem äußeren Magnetfeld erschwert. Je niedriger
die Temperatur, desto weniger wird die Ausrichtung gestört, desto grös-
ser ist χ. Der Verlauf von χ als Funktion der Temperatur ist in Abb.
4.1 gezeigt. Die Kurve gibt an, daß χ der absoluten Temperatur umgekehrt proportional ist. Der Zusammenhang

$$\chi = C/T$$

in dem C für eine Konstante steht, heißt Curiesches Gesetz. Aus der
Temperaturabhängigkeit der Suszeptibilität läßt sich die Magnetisierung
M bestimmen, die die Substanz bei Parallelrichtung aller ungepaarten
Elektronenspins haben würde. Dies wiederum erlaubt eine Aussage darüber, wie viele ungepaarte Elektronen pro Teilchen (Atom oder Molekül)
vorhanden sind. Zur Überprüfung von theoretischen Vorstellungen über
chemische Bindungsverhältnisse, zum Beispiel bei vielen Übergangsme-
tallkomplexen, ist dies eine wichtige Fragestellung.

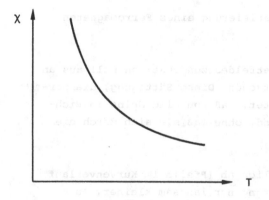

Abb. 4.1. Graphische Darstellung des Curieschen Gesetzes χ = C/T.

4.2 Ferro-, Ferri- und Antiferromagnetismus

Ferromagnetische Substanzen ähneln insofern den paramagnetischen, als
ihr magnetisches Moment dem äußeren Magnetfeld parallelgerichtet ist.
Die Magnetisierung ist jedoch viel stärker, und die magnetische Suszeptibilität ist bei gegebener Temperatur nicht konstant. Sie hängt

vielmehr von der Magnetfeldstärke H ab. Dazu kommt noch, daß auch bei gleichem Magnetfeld H die Magnetisierung unterschiedliche Werte zeigen kann, je nachdem, welchen Magnetfeldern die Probe zuvor ausgesetzt war. Schließlich kann bei ferromagnetischen Stoffen eine Magnetisierung zurückbleiben, auch wenn das äußere Feld abgeschaltet wird. Wir haben dann einen Permanentmagneten vorliegen.

In Abb. 4.2 ist die Magnetisierung einer ferromagnetischen Substanz als Funktion des äußeren Magnetfeldes H gezeigt: Die Magnetisierung M

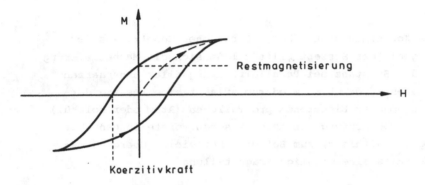

Abb. 4.2. Hysteresisschleife der Magnetisierung eines Ferromagneten

steigt beim ersten Anlegen eines Magnetfeldes zunächst von null aus an und geht dann einem Sättigungswert entgegen. Diese Sättigung, die normale Paramagneten nicht zeigen, bedeutet, daß nun alle Spins in Richtung des Magnetfeldes ausgerichtet sind, ohne daß sie sich durch die Temperaturbewegung stören lassen .

Schwächt man das äußere Feld H allmählich ab (Pfeile im Kurvenverlauf der Abb. 4.2), so wird die Magnetisierung nur langsam kleiner. Auch bei verschwindendem äußeren Magnetfeld bleibt eine Restmagnetisierung zurück. Diese kann man erst durch Anlegen eines entgegengesetzten Feldes zum Verschwinden bringen. Die Stärke des dafür benötigten Feldes wird Koerzitivkraft genannt. Die Magnetisierung folgt also für ein anwachsendes Feld einem anderen Weg als für ein abnehmendes. Hierdurch bildet sich eine Hysteresisschleife aus (Abb. 4.2).

Je nach Breite der Hysteresisschleife unterscheidet man "weiche" und "harte" Ferromagneten. Je "härter" das Material, desto größer die Ko-

erzitivkraft. Die Form der Hysteresisschleife ist für viele technische
Anwendungen von Ferromagneten, zum Beispiel als Informationsträger auf
Magnetbändern, als Kerne in Magnetspulen von Transformatoren u.ä. von
Bedeutung.

Ferromagnetisches Verhalten zeigen die Elemente Eisen (daher die Bezeichnung "Ferromagnetismus"), Cobalt, Nickel und einige Vertreter der
Seltenen Erden. Daneben wird es in einigen Legierungen beobachtet, so
zum Beispiel in der Heuslerschen Legierung, die aus Mangan, Kupfer und
einem weiteren Element wie Zinn, Aluminium, Arsen besteht. Auch einige
Metalloxide zeigen dieses Verhalten, so der Magneteisenstein (Magnetit,
Fe_3O_4), der ja den entsprechenden Namen trägt. (Magnetit ist allerdings
kein reiner Ferromagnet. Wir werden hierauf noch zu sprechen kommen.)

Im Gegensatz zu Dia- und Paramagnetismus ist der Ferromagnetismus eine
typische Festkörpereigenschaft, er kann also nur im festen Zustand auftreten. Für jede ferromagnetische Substanz gibt es nun eine charakteristische Temperatur, oberhalb derer der Ferromagnetismus zusammenbricht,
weil die Temperaturbewegung dann doch die Ausrichtung der Spins behin-
dern kann. Oberhalb dieser charakteristischen Temperatur, die man die
Curie-Temperatur nennt, wird nur noch normaler Paramagnetismus beobachtet. In Abb. 4.3 ist das Temperaturverhalten der magnetischen Suszeptibilität bei Dia- Para- und Ferromagnetismus gegenübergestellt.

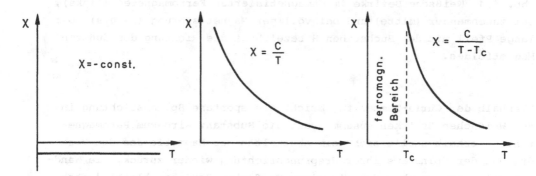

Abb. 4.3. Temperaturabhängigkeit der Suszeptibilität bei Diamagnetismus (links), Paramagnetismus (mitte) und Ferromagnetismus (rechts).
T_c ist die Curie-Temperatur des Ferromagneten.

Das Magnetisierungsverhalten des Ferromagneten erklärt sich folgendermaßen: In einzelnen Kristallbereichen der Substanz, die groß sind gegenüber einer Elementarzelle, werden alle Elektronenspins spontan parallel gerichtet. Diese Gebiete paralleler Spins bezeichnet man als
Weißsche Bezirke. Im nach außen unmagnetisierten Material kompensieren
sich die magnetischen Momente der einzelnen Weißschen Bezirke gerade
gegenseitig. Bei Anlegen eines Magnetfeldes (Abb. 4.4) wachsen nun die-
jenigen Weißschen Bezirke, in denen die Spins günstiger zum angelegten
Magnetfeld stehen, auf Kosten der Bereiche mit ungünstiger Spinrichtung. Schließlich werden die Spins selbst noch in Feldrichtung gedreht,
bis bei der Sättigungsmagnetisierung (Abb. 4.4 rechts) alle Spins ausgerichtet sind.

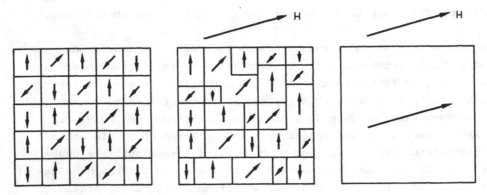

Abb. 4.4. Weißsche Bezirke im unmagnetisierten Ferromagneten (links),
bei zunehmender (mitte) und bei völliger Magnetisierung (rechts). Der
lange Pfeil mit dem Buchstaben H bezeichnet die Richtung des äußeren
Magnetfeldes.

Oberhalb der Curie-Temperatur bricht die spontane Spinausrichtung in
den Weißschen Bezirken zusammen und die Substanz wird zum Paramagneten. Unterhalb stellt sich beim Abschalten des Magnetfeldes die Verdrehung der Spins aus ihrer Ursprungsrichtung wieder zurück. Die Wand-
verschiebung zwischen den einzelnen Weißschen Bezirken bleibt jedoch
teilweise erhalten. Es werden also nicht alle Weißschen Bezirke in ihrer
ursprünglichen Größe und Orientierung wieder hergestellt, so daß eine
Restmagnetisierung erhalten bleibt.

Antiferromagnetismus bedeutet nun, wie der Name schon sagt, genau das
Gegenteil in der Tendenz der Spinausrichtung. Die einzelenen Spins sind

bestrebt, sich jeweils antiparallel zueinander einzustellen, so daß
die Substanz nur schwer magnetisierbar ist. χ ist also klein. Mit steigender Temperatur stört die Wärmebewegung dieses antiparallele Ausrichten. Die Magnetisierbarkeit nimmt zu und χ wird größer. Bei einer bestimmten Grenztemperatur, der Néel-Temperatur, bricht die antiparallele
Kopplung völlig zusammen. Die Spins sind dann voneinander unabhängig,
und es resultiert paramagnetisches Verhalten. Der Verlauf von χ als
Funktion der Temperatur ist in Abb. 4.5 gezeigt. Man vergleiche hier-

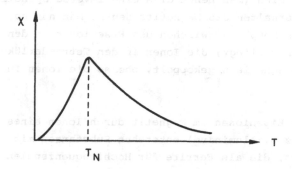

Abb. 4.5. Antiferromagnetische Verhalten. T_N ist die Néel-Temperatur.

mit die Abb. 4.3. Ein solches Verhalten findet man bei Oxiden und Ha-
logeniden einiger Übergangsmetalle, deren Ionen ungepaarte Elektronen
enthalten. Beispiele sind MnO und MnF_2.

Schließlich gibt es auch noch ein magnetisches Verhalten, das zwischen
Ferromagnetismus und Antiferromagnetismus liegt, und das als Ferrimagnetismus bezeichnet wird. Dabei hat ein Teil der Spins die Tendenz,
sich parallel auszurichten, ein hiervon auch zahlenmäßig verschiedener
Teil das Bestreben zur antiferromagnetischen Kopplung. Nach außen hin
zeigt sich ferromagnetische Verhalten, wobei die Sättigungsmagnetisierung jedoch klein ist.

Ferrimagnetismus ist an bestimmte Kristallstrukturen gebunden. Er findet sich zum Beispiel im schon erwähnten Magnetit, Fe_3O_4, in dem unterschiedliche Eisenionen [Fe(+2) und Fe(+3)] in unterschiedlicher räum-
licher Umgebung vorkommen: Magnetit besteht aus dicht gepackten Sauerstoffionen (die eine kubisch dichteste Kugelpackung bilden). In den

Lücken zwischen den Kugeln befinden sich die Eisenionen. In einer der-
artigen Kugelpackung kommen zwei Arten von Lücken vor: solche, die von
den Sauerstoffionen in Form eines Tetraeders umgeben werden (Tetraederlücken) und solche, die von einem Sauerstoffoktaeder umschlossen werden (Oktaederlücken).

Im Magnetit sitzen nun alle Fe(+2)-Ionen in oktaedrischen Lücken, während die Fe(+3)-Ionen zur Hälfte in Oktaederlücken, zur anderen Hälfte
in Tetraederlücken zu finden sind (man nennt dies eine inverse Spinell-
struktur). Das magnetische Verhalten des Magnetits deutet man nun so,
daß eine antiferromagnetische Kopplung zwischen den Eisenionen in den
Tetraeder- und Oktaederlücken vorliegt; die Ionen in den Tetraederlük-
ken sind untereinander ferromagnetisch gekoppelt, ebenso die Ionen in
den Oktaederlücken.

Durch Ersatz eines Teils der Eisenionen im Magnetit durch Ionen eines
anderen geeigneten Metalls (z.B. Aluminium) entstehen Substanzen mit
ausgeprägtem Ferrimagnetismus, die als Ferrite für Hochfrequenzspulen
in der Elektrotechnik eine große Rolle spielen.

4.3 Experimentelle Untersuchungsmethoden

Eine wichtige magnetische Untersuchungsmethode besteht im direkten Messen der Kraft, mit der eine Substanz in ein inhomogenes Magnetfeld hineingezogen oder aus ihm herausgedrängt wird. Man bedient sich hierzu
einer Magnetischen Waage, deren Schema in Abb. 4.6 angedeutet ist. Die
zu untersuchende Probe wird an einem Waagenbalken aufgehängt und ohne
Magnetfeld austariert. Nach Einschalten des Magnetfeldes tritt eine
scheinbare Gewichtsveränderung ein: bei Diamagnetismus wird die Probe

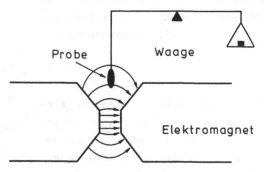

Abb. 4.6. Schema der Magnetischen Waage.

scheinbar leichter, bei Para- und Ferromagnetismus schwerer. Diese
Gewichtsänderung läßt sich an der Waage ablesen.

Zum Berechnen der magnetischen Suszeptibilität χ muß man dann noch die
Stärke des Magnetfeldes H am Ort der Probe und vor allem seine räumliche Veränderung kennen. Durch Eichen läßt sich diese Information erhalten. Bei bekannter Summenformel der Substanz kann man dann bei paramagnetischen Substanzen die Anzahl der ungepaarten Elektronen pro
Baustein bestimmen. Durch Messen der Temperaturabhängigkeit der Suszeptibilität (dazu muß man natürlich die Temperatur der Probe variieren können) erkennt man schließlich, ob normaler Paramagnetismus vorliegt, oder ob die Spins eine Tendenz zu ferromagnetischer oder anti-
ferromagnetischer Kopplung haben. Ferromagnetismus erkennt man auch
daran, daß mit steigender Feldstärke H die Suszeptibilität zunimmt,
während sie bei Paramagnetismus konstant bleibt.

Die Verteilung der Einzelspins in magnetischen Materialien läßt sich
durch Neutronenbeugung direkt bestimmen. Die Neutronen, die selbst ein
magnetisches Moment haben, "sehen" bei Beugungsexperimenten nicht nur
wie die Röntgenstrahlen die Periodizität der Gitterbausteine, sondern
auch die Periodizität der Spinverteilung. So würde zum Beispiel bei
der in Abb. 4.7 gezeigten Kette, die aus gleichen Atomen mit antiferr-
romagnetischer Anordnung der Spins besteht, Neutronenbeugung eine doppelt so große "magnetische" Elementarzelle zeigen als die "strukturelle"
Elementarzelle der Röntgenbeugung. Allerdings muß hierzu der Neutronenstrahl magnetisch polarisiert sein, also vorzugsweise Neutronen einer
bestimmten Spinrichtung enthalten. Sonst liefert auch die Neutronenbeugung nur die strukturelle Elementarzelle.

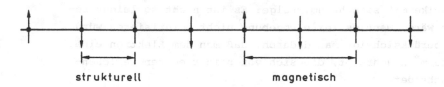

strukturell   magnetisch

Abb. 4.7. Strukturelle und Magnetische Elementarzelle bei antiferro-
magnetischer Anordnung der Spins.

Es gibt noch eine Reihe weiterer Untersuchungsmethoden, die man als
magnetische Resonanzmethoden bezeichnet. Leider sind sie für unser Buch

zu speziell. Es sei nur angedeutet, daß sie die Energieunterschiede
messen, die zwischen der Spinausrichtung parallel und antiparallel zu
einem Magnetfeld bestehen. Hieraus lassen sich Informationen über die
Struktur der Substanzen erhalten.

5 Elektronen im Festkörper: Das freie Elektronengas

Wir wollen uns nun Eigenschaften eines Festkörpers zuwenden, die mit
dem Vorhandensein leicht beweglicher Elektronen zusammenhängen. Wir
werden auch in diesem Zusammenhang nochmals auf magnetische Eigenschaften zurückkommen.

Dabei verwenden wir zunächst ein Modell, das viele elektronische Fest-
körpereigenschaften erstaunlich gut erklären kann: das Modell des frei-
en Elektronengases, das auch kurz Fermi-Gas genannt wird. Dabei machen
wir vor allem zwei die Realität vereinfachende Annahmen:

1) Die Elektronen üben keinerlei Kräfte aufeinander aus.
2) Das periodische Kristallgitter wird als nicht vorhanden angesehen.

In vielen Fällen ist es jedoch nützlich, die Gegenwart positiv geladener Atomrümpfe näherungsweise zu berücksichtigen: Ein Elektron in einem
Festkörper zieht ja durch Coulombsche Wechselwirkung benachbarte positiv geladene Teilchen an, es polarisiert seine Umgebung. Wenn sich das
Elektron durch den Körper bewegt, so muß es seine Umgebung immer wieder neu polarisieren. Anders betrachtet: das Elektron schleppt eine
Polarisationswolke mit sich herum. Folge: Es ist nicht so leicht beweglich wie es wäre, wenn es seine Umgebung nicht polarisieren würde.
Diesen Effekt berücksichtigt man dadurch, daß man dem Elektron eine
effektive Masse m^* zuschreibt, die sich von seiner echten Teilchen-
masse m unterscheidet.

Das Modell des freien Elektronengases arbeitet natürlich bei solchen
Substanzen besonders gut, bei denen die Elektronen wirklich sehr leicht
über den gesamten Festkörper beweglich sind, also bei den Metallen.
Und es versagt völlig, wo seine Voraussetzungen auch nicht näherungsweise zutreffen, bei den elektrisch nichtleitenden Isolatoren. Dieses

Kapitel ist daher der Behandlung der Elektronen (gemeint sind hier immer die beweglichen Leitungselektronen) in Metallen gewidmet.

5.1 Energiezustände und Zustandsdichte

Auch wenn wir von einem freien Elektronengas reden, wollen wir doch die Einschränkung als selbstverständlich gelten lassen: Sie dürfen ihren Festkörper nicht verlassen. Dies ist eine Randbedingung für unsere Elektronen und hat die Konsequenz, die Randbedingungen zu haben pflegen: Sie führt zu einer Quantelung der möglichen Energien ("Energiezustände") der Elektronen.

Dies sei an einem einfachen Modell erläutert, dem Modell des "eindimensionalen Kastens" (Abb. 5.1): Das Elektron befinde sich in einem eindimensionalen Kasten, den es nicht verlassen darf. Letzteres ist die geltende Randbedingung. Nun kommt noch der Welle-Teilchen Dualismus ins Spiel, und wir müssen die Wellennatur des Elektrons in unsere Überlegungen einbeziehen. Das Elektron im eindimensionalen Kasten verhält sich also wie eine schwingende Welle. Und diese Schwingung muß am Rand des Kastens exakt aufhören, da außerhalb des Kastens ja kein Elektron sein soll. Die Randbedingung läßt sich also auch so fassen: Die Amplitude der Elektronenwelle muß am Kastenrand null sein, die Schwingung hat dort einen Knoten.

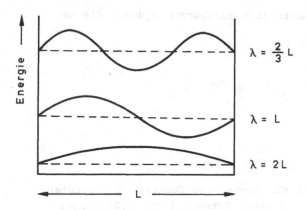

Abb. 5.1. Mögliche Elektronenzustände im eindimensionalen Kasten.

Dies führt automatisch dazu, daß für die Elektronenwelle nur ganz bestimmte Schwingungszustände möglich sind (Abb. 5.1). Hat der Kasten die Länge L, so erfüllen nur Schwingungen mit Wellenlängen $\lambda = 2L/n$ die genannten Bedingungen, wobei n wieder eine natürliche Zahl darstellt. Und dies ist genau die geltende Quantelung: Es sind nur solche Zustände des Elektrons möglich, die sich als Schwingung der Wellenlänge $\lambda = 2L/n$ darstellen lassen. Die Zahl n, die die Werte 1, 2, 3,.. annehmen kann, nennen wir eine Quantenzahl.

Die Energie eines Elektrons in diesem Kasten hängt nun von seiner Wellenlänge ab: Je kürzerwelliger die Schwingung, desto höher die Energie. Eine kurze Überlegung zeigt, daß die Energie mit dem Quadrat der Quantenzahl n ansteigt. Dabei ist zu berücksichtigen, daß das Elektron eine Masse m hat, so daß sich seine kinetische Energie durch die Beziehung

$$E = \frac{1}{2}mv^2$$

ausdrücken läßt, wenn v seine Geschwindigkeit bedeutet. Die zu einer bestimmten Wellenlänge λ der Elektronen gehörende Geschwindigkeit v ergibt sich aus der de Broglie-Beziehung

$$\lambda = \frac{h}{mv} \quad \text{und hieraus } v = \frac{h}{m\lambda}$$

Die Wellenlänge λ kann nur die Werte $2L/n$ annehmen und damit die Geschwindigkeit v die Werte

$$v = \frac{nh}{2Lm}$$

Hieraus folgt:

$$E = \frac{1}{2}mv^2 = \frac{1mn^2h^2}{2m^24L^2} = \frac{n^2h^2}{8mL^2}$$

Die möglichen Energiezustände des Elektrons, als Funktion der Quantenzahl n aufgetragen, liegen also auf einer Parabel (Abb. 5.2). Dabei sind nur solche Energien möglich, die zu einem ganzzahligen n gehören.

Es können aber nicht alle Elektronen den energetisch tiefsten Zustand einnehmen, was sie eigentlich ganz gerne täten. Vielmehr besagt das

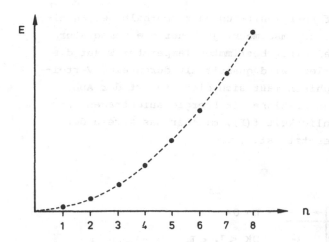

Abb. 5.2. Erlaubte Elektronenenergien im eindimensionalen Kasten

Pauli-Prinzip, daß ein solcher Quantenzustand, der durch einen gegebenen Wert von n bestimmt ist, nur von höchstens zwei Elektronen eingenommen werden darf. Die Spins der Elektronen müssen dann in entgegengesetzte Richtungen zeigen.

Zu jedem erlaubten Energiezustand der Abb. 5.2 können demnach höchstens zwei Elektronen gehören. Je nach Gesamtzahl der vorhandenen Elektronen sind also die erlaubten Energiezustände bis zu einer bestimmten Höhe besetzt. In einem realen Metallkristall, dessen Abmessungen groß sind gegenüber einer Elementarzelle (auf eine Länge $L \sim 3$ cm passen 10^8 Elementarzellen) führt der große Wert für die "Kastenlänge" L dazu, daß die erlaubten Energieniveaus sehr dicht liegen, da im Ausdruck für die Energie im Nenner das Quadrat der Kastenlänge L steht. Wir können dann die Energieverteilung der Elektronen als quasikontinuierlich ansehen.

Diese sehr dicht liegenden Energiezustände sind nun gemäß dem Pauli-Prinzip mit jeweils zwei Elektronen besetzt. Die am absoluten Temperaturnullpunkt (0 K) höchste besetzte Energiestufe trägt den Namen Fermi-Energie E_F. Bei 0 K sind also alle unterhalb der Fermi-Energie liegenden Energieniveaus besetzt, alle darüberliegenden leer.

Bei Temperaturen größer als 0 K gilt dies nicht mehr so streng: Durch die thermische Energie können dann Elektronen von Energiestufen kurz

unterhalb der Fermi-Energie auf Energieniveaus kurz oberhalb der Fermi-
Energie angehoben werden. Und zwar umso mehr, je höher die Temperatur
ist. Wie sich die Elektronen bei einer bestimmten Temperatur T auf die
einzelnen Energieniveaus verteilen, wird quantitativ durch eine Verteilungsfunktion beschrieben. Graphisch läßt sich diese in Art der Abb.
5.3 darstellen. Hier ist auf der Abszisse die Energie aufgetragen und
auf der Ordinate die Wahrscheinlichkeit f(E), mit der das Niveau der
Energie E mit einem Elektron besetzt ist.

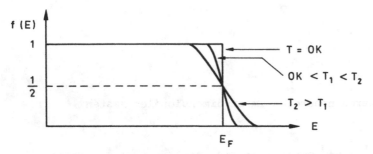

Abb. 5.3. Verteilungsfunktion f(E) bei drei Temperaturen.

Für alle Temperaturen oberhalb des Nullpunktes gilt dabei: Für die
Fermi-Energie hat die Verteilungsfunktion f(E) den Wert 1/2.

Verglichen mit der thermischen Energie des Kristalls, die in den Gitterschwingungen steckt, liegt die elektronische Energie E_F sehr hoch.
Erhöhung der Temperatur hat daher auf die elektronische Energie fast
keinen Einfluß. Die Änderung der Energieverteilung der Elektronen um
E_F herum ist vernachlässigbar im Vergleich zur Gesamtenergie der Elektronen. Dies erklärt den experimentell lange bekannten Befund, daß das
freie Elektronengas keinen meßbaren Beitrag zur Wärmekapazität des
Festkörpers liefert.

Wir wollen nun das Modell des eindimensionalen Kastens verlassen und
uns wieder in die Welt der dreidimensionalen Festkörper wagen. Verlassen wir gleichzeitig auch die festen Randbedingungen, durch die wir
den eindimensionalen Kasten charakterisiert haben. Greifen wir statt-
dessen auf die periodischen Randbedingungen zurück, die wir bei der
Besprechung der Gitterschwingungen (Seite 43) eingeführt hatten.

In den drei Raumrichtungen sollen sich also nach Strecken L_x, L_y, L_z, die wieder sehr groß sind gegenüber den Elementarzellenlängen, exakt die gleichen Verhältnisse wiederholen. Ganz entsprechend unseren Überlegungen bei den Gitterschwingungen haben diese periodischen Randbedingungen auch für die Elektronenwellen die Folge, daß nur ganz bestimmte Wellenlängen vorkommen dürfen. Womit wir wieder bei einer Quantelung gelandet wären.

Auch die folgenden Überlegungen entsprechen völlig denjenigen, die wir bei der Besprechung der Phononen angestellt hatten. Statt durch ihre Wellenlänge wollen wir die Elektronen mit den entsprechenden Wellenvektoren $\vec{k} = 2\pi/\lambda$ kennzeichnen. Diese Wellenvektoren $\vec{k}$ können wir in ihre Komponenten parallel zu den drei Raumrichtungen zerlegen:

$$\vec{k} = \vec{k}_x + \vec{k}_y + \vec{k}_z$$

Für $\vec{k}_x$ sind dabei die Werte möglich

$$\vec{k}_x = 0, \ 2\pi/L_x, \ 4\pi/L_x, \ \ldots$$

Für $\vec{k}_y$ und $\vec{k}_z$ gilt das Entsprechende. Die möglichen Werte für die Wellenvektoren sind also gequantelt, wie sich das gehört. Damit haben nun die Wellenvektoren die Funktion von Quantenzahlen, sie bezeichnen einen möglichen Elektronenzustand. Ein solcher Elektronenzustand, charakterisiert durch drei Quantenzahlen $\vec{k}_x$, $\vec{k}_y$, $\vec{k}_z$ wird Orbital genannt - auch wenn man den Begriff des Orbitals normalerweise in einem anderen Zusammenhang kennenlernt. Das Pauli-Prinzip sagt uns wieder, daß jedes Orbital zwei Elektronen mit entgegengesetztem Spin aufnehmen kann.

Inzwischen ist uns ja geläufig, daß Wellenvektoren Größen im Reziproken Raum darstellen. Die erlaubten Werte für $\vec{k}_x$, $\vec{k}_y$, $\vec{k}_z$ können in ein Koordinatensystem im Reziproken Raum eingetragen werden. Abbildung 5.4 zeigt einen zweidimensionalen Ausschnitt hieraus. Jeder Punkt in diesem k-Raum symbolisiert also einen möglichen Elektronenzustand, der von zwei Elektronen besetzt werden kann. Bei realen Kristallen sind die Werte von L sehr groß, so daß die erlaubten Werte für $\vec{k}$ sehr nahe beieinander liegen.

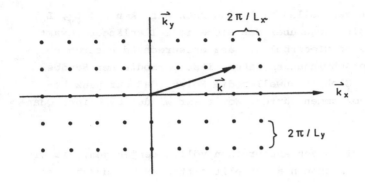

Abb. 5.4. Gequantelte Wellenvektoren im k-Raum.

Entsprechend dem Modell des eindimensionalen Kastens hängt die Energie des Elektrons im Quantenzustand $\vec{k}$ quadratisch von $|k|$ ab. Quantitativ:

$$E(\vec{k}) = \frac{h^2 |k|^2}{8\pi^2 m}$$

(Dieser Ausdruck ergibt sich, wenn man in der auf Seite 64 ausgeführten Herleitung die Wellenlänge λ durch $2\pi/\vec{k}$ ersetzt). m bedeutet auch hier wieder die Elektronenmasse. Nun mag es durchaus unterschiedliche Wellenvektoren $\vec{k}$ geben, die gerade den gleichen Wert ihres Betrages $|k|$ haben. Es handelt sich dann um Vektoren gleicher Länge, die in unterschiedliche Richtungen zeigen. Die dazugehörenden Energien $E(\vec{k})$ sind dann natürlich auch gleich. Solche Zustände bezeichnet man als entartet. Diese stellen selbstverständlich keine Verletzung des Pauli-Prinzips dar, da sie sich in den einzelnen Quantenzahlen $\vec{k}_x$, $\vec{k}_y$, $\vec{k}_z$ unterscheiden.

Wenn die Energien der Elektronen nur von $|k|^2$ abhängen, so bedeutet dies, daß in Abb. 5.4 Zustände gleicher Energie auf einem Kreis um den Ursprung der Achsen des Koordinatensystems liegen. Im dreidimensionalen Fall wird hieraus eine Kugeloberfläche. Analog dem eindimensionalen Kasten gibt es auch nun wieder eine Grenzenergie, unterhalb derer bei 0 K alle Energiezustände besetzt, oberhalb alle leer sind: die Fermi-Energie E_F unseres Elektronensystems.

Im k-Raum liegen die zur Fermi-Energie gehörenden Elektronenzustände auf der Oberfläche einer Kugel um den Ursprung des Reziproken Gitters. Diese Fläche im k-Raum, auf der bei 0 K die höchsten besetzten elektro-

nischen Zustände liegen, wird Fermi-Fläche genannt. Die Fermi-Fläche
ist für das freie Elektronengas eine Kugeloberfläche. Bei realen Kristallen kann sie eine recht komplizierte Form annehmen, die sich sowohl
theoretisch berechnen als auch experimentell bestimmen läßt.

Für die Eigenschaften des Elektronensystems sind nun gerade die Elektronen auf der Fermi-Fläche ausschlaggebend. Sie können nämlich Energie in sehr kleinen Portionen aufnehmen - natürlich unter Berücksichtigung des Quantenprinzips - und so in Energiezustände kurz oberhalb
der Fermi-Fläche gehoben werden. Weiter unterhalb der Fermi-Fläche ge-
legene Elektronen können keine so kleine Energiebeträge aufnehmen, da
nach dem Pauli-Prinzip keine benachbarte Energiezustände frei sind.

Bevor wir Konsequenzen hieraus ziehen, zum Beispiel für die elektrische Leitfähigkeit, wollen wir uns noch mit dem Begriff Zustandsdichte
vertraut machen. Darunter versteht man die Anzahl der Zustände (Orbitale), die in einem kleinen Energieintervall dE liegen. Wie Abb. 5.5
deutlich macht, ist diese Zustandsdichte D(E) eine Funktion der Energie E, da sich die Zahl der Zustände im Bereich zwischen E und E + dE
mit dem Wert von E ändert. Für den dreidimensionalen Fall hat diese
Funktion den in Abb. 5.6 gezeigten Verlauf.

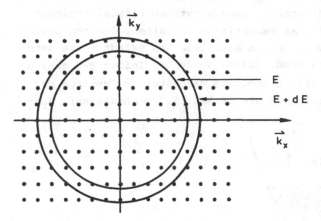

Abb. 5.5. Zum Begriff der "Zustandsdichte".

Die Fläche unter der Kurve in Abb. 5.6 ergibt dann die Zahl der bis zu
einer Energie E vorhandenen Zustände. Bei 0 K sind alle Zustände bis
zur Fermi-Energie besetzt, bei höherer Temperatur liegen die besetzten
Zustände unterhalb der gestrichelten Linie: Einige Elektronen sind aus

Zuständen unterhalb der Fermi-Energie in Zustände oberhalb angeregt
worden.

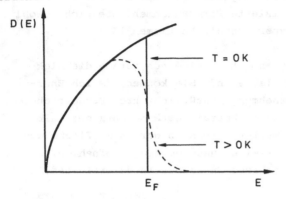

Abb. 5.6. Zustandsdichte D(E) als Funktion von E für ein dreidimensionales freies Elektronengas.

5.2 Physikalische Eigenschaften des freien Elektronengases

Wir wollen nun einige Eigenschaften von Festkörpern betrachten, die
sich im Modell des freien Elektronengases verstehen lassen. Beginnen
wir mit einer Konsequenz für das magnetische Verhalten, die man besonders gut beobachten kann, wenn in den Metallrümpfen selbst keine ungepaarten Elektronen vorhanden sind. (Diese verderben leider den ganzen
Spaß.) Drehen wir zunächst die in Abb. 5.6 dargestellte Funktion der
Zustandsdichte um 90° und zeichnen sie in Abb. 5.7 nochmals auf. Aus-

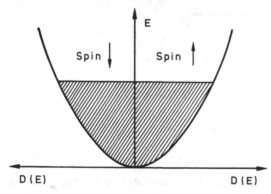

Abb. 5.7. Zustandsdichte ohne Magnetfeld.

serdem wollen wir nun die beiden möglichen Spinrichtungen der Elektronen unterscheiden: Der rechte Kurvenast sei die Zustandsdichte für Elektronen mit Spin nach "oben", der linke für Spin nach "unten".

Ohne äußeres Magnetfeld besteht kein Energieunterschied zwischen den beiden Spinrichtungen, die Zustände sind für beide Spineinstellungen bis zur gleichen Energie besetzt. Jetzt ärgern wir das System und legen ein Magnetfeld an. Dies senkt die Energie der Zustände mit Spin in Richtung des Feldes ab und hebt sie für Zustände mit Spinrichtung entgegengesetzt zum Feld an. Wir würden dann die Verteilung wie in Abb. 5.8 links erhalten. Dies ist nun aber keine energetisch stabile Verteilung: Es sind energetisch hochliegende Zustände besetzt, während tiefliegende Zustände frei sind. Daher werden so viele Elektronen ihre Spinrichtung umdrehen, bis die höchsten besetzten Zustände für beide Spineinstellungen wieder gleiche Energie haben (Abb. 5.8 rechts).

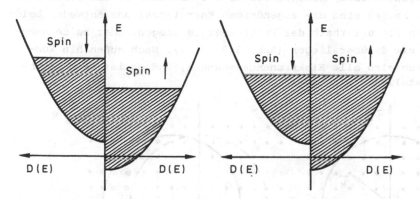

Abb. 5.8. Zustandsdichten für beide Spineinstellungen im Magnetfeld. Links nach Einschalten des Feldes; rechts: nach Energieausgleich.

Jetzt sind aber mehr Elektronen mit Spin parallel zum Magnetfeld vorhanden als umgekehrt. Daher wird paramagnetisches Verhalten beobachtet. Im Gegensatz zum früher besprochenen Paramagnetismus hat die Temperatur auf diese Spinverteilung keinen merklichen Einfluß (beim normalen Paramagneten nimmt die Magnetisierung mit steigender Temperatur ja stark ab). Diese besondere Art von Paramagnetismus eines freien Elektronengases wird temperaturunabhängiger oder Pauli-Paramagnetismus genannt. Er ist besonders bei Alkalimetallen schön zu beobachten, da hier keine sonstigen ungepaarten Elektronen (die durch ihren eigenen

Paramagnetismus den Effekt überdecken würden) im Atomrumpf vorhanden
sind.

Als nächstes wollen wir uns mit der elektrischen Leitfähigkeit befassen. Stromleitung bedeutet, daß die Elektronen in einer Richtung durch
den Festkörper driften, wenn eine Spannung angelegt wird. Nun aber sind
die Elektronen im Festkörper auch ohne Anlegen einer äußeren Spannung
in Bewegung, denn die Längen der Pfeile für die Wellenvektoren $\vec{k}$ enthalten ja die Geschwindigkeit der Elektronen. Zu jedem Wert von $|k|$ gehört eine bestimmte Geschwindigkeit, die wiederum den Energieinhalt
der Elektronen bedingt. Elektronen, die gerade die Fermi-Energie aufweisen, haben die Fermi-Geschwindigkeit v_F. Hierzu gehört der Fermi-
Wellenvektor $\vec{k}_F$.

Nun gibt es zu jedem Wellenvektor $\vec{k}$ auch einen Wellenvektor $-\vec{k}$, der
in die entgegengesetzte Richtung weist. Bei Abwesenheit eines äußeren
elektrischen Feldes sind die zugehörigen Energiezustände entweder beide
besetzt, wenn sie unterhalb der Fermi-Energie liegen, oder beide unbesetzt, wenn sie darüber liegen (Abb. 5.9 links). Nach außen hin kompensieren sich also alle Elektronenbewegungen, und es ist kein Stromfluß festzustellen.

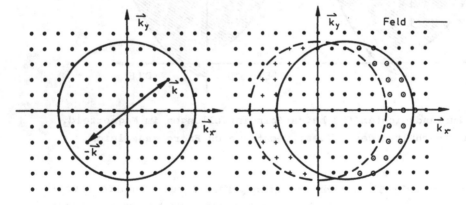

Abb. 5.9. Fermi-Fläche im k-Raum. Links: Fermi-Fläche ohne äußeres
elektrisches Feld, rechts: unter dem Einfluß eines äußeren elektrischen Feldes. (Die Verschiebung der Fermi-Fläche ist relativ zum Abstand der Zustände im k-Raum übertrieben groß gezeichnet.)

Unter Einfluß eines elektrischen Feldes erniedrigt sich nun die Energie der Elektronen, die sich in Feldrichtung bewegen; die Energie der Elektronen, die gegen das Feld laufen, erhöht sich. (So wie es ja auch für einen Fahrradfahrer weniger anstrengend ist, bergab zu fahren, als mit gleicher Geschwindigkeit bergauf.)

Durch Anlegen eines elektrischen Feldes wird also die Fermi-Kugel in Feldrichtung verschoben (Abb. 5.9 rechts). Die Fläche gleicher Energie liegt daher in Feldrichtung bei größeren Wellenvektoren - und damit bei größeren Elektronengeschwindigkeiten - als gegen Feldrichtung. Elektronen, die jetzt links außerhalb der verschobenen Fermi-Kugel liegen (Kreuze in Abb. 5.9 rechts) werden versuchen, die energetisch günstigeren freien Zustände zu besetzen (offene Kreis). Nach Erreichen dieser neuen Verteilung der Wellenvektoren bedeutet dies, daß die Zahl der Elektronen mit Wellenvektoren in Feldrichtung zugenommen, die mit Wellenvektoren gegen die Feldrichtung abgenommen hat: Nach außen hin ist ein Stromfluß in Feldrichtung zu beobachten.

Nach Abschalten des Feldes liegt die Fermi-Kugel wieder so wie in Abb. 5.9 links. Die dazugehörige Verteilung der Wellenvektoren, die den stromlosen Zustand anzeigt, stellt sich auch sofort wieder ein: Elektronen, welche die mit offenen Kreisen in Abb. 5.9 rechts bezeichneten Zustände eingenommen hatten, kehren auf die Positionen der Kreuze zurück. Bewirkt wird dies durch inelastische Streuprozesse an dem Kristallgitter. Dabei werden im Gitter Phononen erzeugt, es wird also Energie auf das Gitter übertragen.

Strenggenommen haben wir durch die Berücksichtigung solcher Streuprozesse, die ja Wechselwirkungen der Elektronen mit dem Kristallverband darstellen, das Modell des freien Elektronengases etwas eingeschränkt. Wir müssen aber solche Wechselwirkungen in Betracht ziehen, wenn wir den elektrischen Widerstand erklären wollen.

Inelastische Streuung, welche die Beträge der Wellenvektoren der Elektronen ändert, findet natürlich auch während des Stromflusses statt. Die Elektronen verlieren dadurch kinetische Energie und geben diese in Form von Gitterschwingungen an den Kristallverband ab. Dies hat die altbekannte Erscheinung zur Folge, daß sich das Metall durch den Stromfluß erwärmt. Man spricht hier von Joulescher Wärme.

Damit der Stromfluß überhaupt aufrecht erhalten werden kann, muß den
Elektronen die an das Gitter abgegebene Energie aus dem Feld immer
wieder zugeführt werden. Nach außen sieht das so aus, als sträubten
sich die Elektronen dagegen, sich in Feldrichtung zu bewegen. Dies
macht sich als elektrischer Widerstand bemerkbar.

Als Auslöser für diese inelastische Streuung kommen zwei Möglichkeiten
in Betracht: Sie kann einmal an Gitterfehlern wie zum Beispiel Verunreinigungen erfolgen, zum anderen an Gitterschwingungen, also an Phononen. Wie oft die Elektronen an Phononen gestreut werden, ist eine
Frage der Temperatur, da mit höherer Temperatur auch mehr Gitterschwingungen angeregt sind. So erklärt sich, daß der elektrische Widerstand
von Metallen mit steigender Temperatur zunimmt.

Die Streuung an Verunreinigungen ist aber keine Funktion der Temperatur, da sich deren Zahl ja nicht ändert. Diese Streuung liefert also
einen temperaturunabhängigen Beitrag zum elektrischen Widerstand. Bei
Temperaturen in der Nähe des absoluten Nullpunktes, wo die Streuung
an Gitterschwingungen praktisch keine Rolle mehr spielt, wird der Widerstand allein durch die Gitterfehler bedingt. Für die Kurve des Widerstandes R als Funktion der Temperatur ergibt sich mithin der in
Abb. 5.10 gezeigte Verlauf.

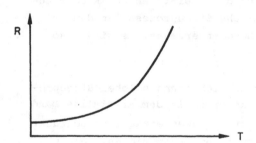

Abb. 5.10. Elektrischer Widerstand als Funktion der Temperatur.

Mit fallender Temperatur nimmt der Widerstand zunächst linear ab, um
bei tiefen Temperaturen konstant zu werden. Dieser Restwiderstand stellt
den Anteil der Verunreinigungen und sonstiger Gitterfehler am elektrischen Widerstand dar. Je reiner das Metall, desto geringer der Restwiderstand. Seine Größe kann also als Reinheitskriterium herangezogen
werden.

Wir wollen das Problem des elektrischen Widerstandes nun doch noch ein wenig quantitativer betrachten. Der Widerstand ist also dadurch bedingt, daß die Elektronen inelastisch gestreut werden. Bezeichnen wir das Zeitintervall zwischen zwei Streuprozessen desselben Elektrons mit τ. In dieser (mittleren) Zeit τ legt das Elektron einen bestimmten Weg zurück, der als mittlere freie Weglänge bezeichnet wird.

Bei sehr reinen Metallen und bei tiefer Temperatur kann diese mittlere freie Weglänge übrigens erstaunlich groß sein, nämlich in der Größenordnung Zentimeter liegen. Das heißt, das Elektron vermag sich im Mittel über 10^8 Elementarzellen zu bewegen, bevor eine Wechselwirkung mit dem Gitter eintritt! Ein Grund für dieses doch relativ störungsfreie Wandern der Elektronen durch das Gitter liegt darin, daß die Mehrzahl der Elektronen, die ja Zustände weit unterhalb der Fermi-Fläche besetzen, nicht in benachbarte Zustände gestreut werden können. Denn diese Zustände sind ja ebenfalls besetzt, und das Pauli-Prinzip ist den Elektronen bestens bekannt.

Zurück zum Zeitintervall τ zwischen zwei Stößen: Während dieser Zeit wirkt das elektrische Feld auf das Elektron ein und verleiht ihm eine Geschwindigkeitskomponente dv in Feldrichtung. Diese ist durch folgende Beziehung gegeben:

$$dv = \frac{e \cdot U \cdot \tau}{m}$$

wobei e die Ladung des Elektrons, U die elektrische Spannung und m die Elektronenmasse bedeuten. (Die Quantelung der Elektronenenergien und damit der möglichen Geschwindigkeitsänderungen dv haben wir dabei vernachlässigt und die möglichen Elektronengeschwindigkeiten als quasikontinuierlich angenommen. Dies dürfen wir ohne einen meßbaren Fehler zu begehen tun, da die Zustände dicht genug liegen.)

Zur Vereinfachung nehmen wir nun an, daß diese Geschwindigkeitskomponente dv durch die Streuung des Elektrons am Gitter völlig verlorengeht, so daß das Elektron im nächsten Zeitintervall τ wieder neu beschleunigt werden muß.

Wenn nun im ganzen n Elektronen da sind, so transportieren sie durch die Geschwindigkeitsanteile dv einen Strom

$$I = n \cdot e \cdot dv = \frac{n \cdot e^2 \cdot \tau}{m} \cdot U$$

Dies stellt genau das Ohmsche Gesetz dar, das ja besagt, daß bei konstanter Temperatur (konstantes τ) der fließende Strom I der angelegten Spannung U proportional ist:

$$I = \sigma \cdot U$$

In der Leitfähigkeit σ stecken also die mittlere freie Flugzeit τ und die Anzahl der Elektronen. Ein nützlicher Begriff ist hier noch die Beweglichkeit μ der Elektronen, die die "Beschleunigbarkeit" der Elektronen angibt:

$$\mu = \frac{e \cdot \tau}{m}$$

Damit kann die Leitfähigkeit σ dargestellt werden als

$$\sigma = e \cdot n \cdot \mu$$

Sie enthält also das Produkt aus Anzahl der Ladungsträger, n, und deren Beweglichkeit μ und kann leicht experimentell bestimmt werden. Schwieriger ist es da schon, die Zahl der Ladungsträger n und die Beweglichkeit μ getrennt zu erfassen. Im nächsten Abschnitt werden wir ein Verfahren hierzu kennenlernen.

Zunächst sei jedoch noch erwähnt, daß die freien Elektronen nicht nur Ladung, sondern auch Wärmeenergie transportieren. Hierfür sind auch wieder inelastische Streuprozesse verantwortlich. Diese sorgen ja dafür, daß die Elektronen auch Schwingungsenergie aus dem Gitter aufnehmen und sie an anderer Stelle wieder an das Gitter abgeben können. Je besser nun die Elektronen den Strom leiten, je leichter sie also von einem Ort im Metall zu einem anderen gelangen, desto besser transportieren sie auch die Wärmeenergie.

Elektrische Leitfähgikeit und Wärmeleitfähigkeit sind einander also proportional. Dies ist eine Formulierung des Wiedemann-Franzschen Gesetzes. Da es dabei nur auf die freien Elektronen und nicht auf die Atomrümpfe ankommt, läßt sich das Wiedemann-Franzsche Gesetz sogar noch schärfer formulieren: Der Quotient aus Wärmeleitfähigkeit und elektrischer Leitfähigkeit ist für alle Metalle gleich und nur eine Funktion der Temperatur. Oder als Gleichung, wenn die Wärmeleitfähigkeit mit X bezeichnet wird:

$$\frac{X}{\sigma} = L \cdot T$$

Die für alle Metalle gleiche Proportionalitätskonstante L heißt Lorentz-Zahl. Sie beträgt bei Temperaturen oberhalb von einigen Kelvin $2,45 \cdot 10^{-8}$ Watt·Ohm / K^2.

5.3 Einige experimentelle Methoden

Im Folgenden wollen wir eine kleine Auswahl der Methoden betrachten, die dem Experimentalphysiker bei der Untersuchung des Elektronengases zur Verfügung stehen. Die erste Methode ist die Messung des Hall-Effektes, der für die Beweglichkeit $\mu = e \cdot \tau / m$ der Ladungsträger empfindlich ist. Die experimentelle Anordnung ist schematisch in Abb. 5.11 gezeigt.

Die zu untersuchende, elektrisch leitende Probe hat die Form eines länglichen Plättchens geringer Dicke. Eine angelegte Spannung U läßt in Längsrichtung einen Strom I fließen. Die Probe wird in ein Magnetfeld der Stärke H gebracht, dessen Feldlinien senkrecht zur Plättchenebene und senkrecht zur Stromrichtung stehen.

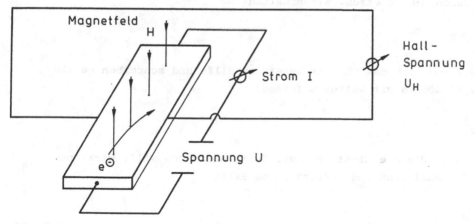

Abb. 5.11. Schema der Messung des Hall-Effektes.

Dieses Magnetfeld hat auf die strömenden Elektronen genau den Effekt,
den ein Magnetfeld immer auf eine bewegte Ladung hat: Es lenkt sie
senkrecht zur Bewegungsrichtung und senkrecht zu den Feldlinien ab.
In unserer Probe werden die Elektronen daher in Richtung der Plätt-
chenkante abgedrängt. Dadurch würden sich die Elektronen an einer der
beiden Plättchenkanten ansammeln. Jedoch baut sich durch dieses Abdrif-
ten nach einer Seite ein elektrisches Feld senkrecht zur Stromrichtung
auf, das die Elektronen wieder in das Plättchen hineinzieht. Dieses
Feld äußert sich als eine elektrische Spannung zwischen den beiden
Längskanten des Plättchens, der Hall-Spannung U_H, deren Größe man mißt.

Die Kraft, mit der die Elektronen senkrecht zu ihrer Bewegungsrichtung
abgedrängt werden, hängt von ihrer Ladung, ihrer Geschwindigkeit und
der Stärke des Magnetfeldes ab:

$$K = e \cdot v \cdot H$$

Genau genommen steht v hier für die mittlere Geschwindigkeit der Elektronen in Stromrichtung und entspricht der Größe dv, die wir bei der
Besprechung der Leitfähigkeit kennengelernt hatten. Wenn wir jetzt
auch wieder die Beweglichkeit μ heranziehen, die wir genausogut als
$\mu = v/U$ definieren können, also als die Geschwindigkeit, die die Elektronen aufgrund einer Spannung U erhalten, so können wir in obiger Gleichung v durch $\mu \cdot U$ ersetzen. Wir erhalten

$$K = e \cdot \mu \cdot U \cdot H$$

Nehmen wir nun noch das Ohmsche Gesetz zu Hilfe und schreiben es als
$U = I/\sigma$, so können wir weiter umformen:

$$K = \frac{e \cdot \mu \cdot I \cdot H}{\sigma}$$

Dieser Kraft, die die Elektronen zur Seite abdrängen will, wirkt nun
die aus der Hall-Spannung resultierende Kraft

$$K_H = e \cdot U_H$$

entgegen. Wenn sich der Gleichgewichtszustand in unserem Leiterplätt-
chen eingestellt hat, halten sich die beiden Kräfte gerade die Waage,
$K = K_H$. Also gilt:

$$\frac{e \cdot \mu \cdot I \cdot H}{\sigma} = e \cdot U_H$$

$$U_H = \frac{\mu}{\sigma} \cdot I \cdot H$$

Der Quotient μ/σ wird als Hall-Konstante bezeichnet. Er ist das Ergebnis des Experiments, da sich U_H und I einfach messen lassen und H bekannt ist.

Da die Leitfähigkeit σ durch Messung leicht bestimmt werden kann, läßt sich aus der Hall-Konstanten die Beweglichkeit μ der Elektronen ermitteln. Über den auf Seite 76 angegebenen Zusammenhang $\sigma = e \cdot n \cdot \mu$ erhält man dann noch als letztes Ergebnis die Anzahl der freien Elektronen n.

Der Hall-Effekt liefert also Informationen über die Anzahl der Ladungsträger und über ihre Beweglichkeit. Aus der Beweglichkeit läßt sich dann noch die mittlere freie Weglänge ableiten. Für die Zahl der Ladungsträger n findet man bei den meisten Metallen, daß n zwischen zehn und hundert Prozent der Anzahl der Metallatome liegt. Es ist also keineswegs so, daß jedes Metallatom im Gitter ein Elektron zum freien Elektronengas beisteuert. Und mehr als eines schon gar nicht.

Das Hall-Experiment kann aber noch ein klein wenig mehr aussagen, als bisher erwähnt wurde. Es kann nämlich noch unterscheiden, ob der Strom von Elektronen oder von Ionen (in Ionenleitern, siehe Seite 28) herrührt. Da Ionen nämlich im Vergleich zu Elektronen sehr schwer sind, haben sie wesentlich geringere Geschwindigkeiten (bei gleicher Spannung) - so gering, daß sie gar keinen Hall-Effekt ergeben!

(In Klammern sei noch angeführt, daß die Stromleitung auch auf sogenannten "Defektelektronen" beruhen kann. Dieser Begriff taucht bei bestimmten Halbleitern auf - wir werden im entsprechenden Kapitel noch näheres dazu erfahren. Bei der Stromleitung verhalten sich solche Defektelektronen nach außen hin so, als trügen sie eine positive Ladung. Dies läßt sich mit dem Hall-Effekt wunderschön zeigen, da in diesem Fall die Hall-Spannung das entgegengesetzte Vorzeichen hat.)

Mit dem Hall-Effekt haben wir eine Möglichkeit kennengelernt, die Zahl der Ladungsträger und ihre Beweglichkeit - und damit die mittlere freie Weglänge - experimentell zu bestimmen. Zur Charakterisierung der Elektronen in einem Festkörper ist nun noch eine weitere Größe wichtig: die effektive Masse m^*.

Wir hatten zu Beginn dieses Kapitels erwähnt, daß die Elektronen in einem Festkörper ihre Umgebung polarisieren können. Bei der Bewegung des Elektrons wird diese Polarisierungswolke mitgeschleppt. Dadurch scheinen die Elektronen eine größere träge Masse zu erhalten als sie der Masse des freien Elektrons entspricht – eben die effektive Masse m^*. Auch diese Erscheinung ist besonders bei Halbleitern wichtig, in denen die Elektronen weniger "frei" sind als im Modell des freien Elektronengases. Bei guten Leitern ist dieser Effekt weniger ausgeprägt.

Dennoch wollen wir nun eine Meßmethode vorstellen, die auf die effektiven Massen m^* anspricht, die Zyklotron-Resonanz. Auch hierbei nutzt man die Tatsache aus, daß sich bewegende Elektronen durch ein Magnetfeld auf gekrümmte Bahnen, im Endeffekt auf Schraubenbahnen gezwungen werden. Die Elektronen in einem Elektronengas sind nun stets in Bewegung. Durch ein Magnetfeld werden sie um die Feldlinien herum auf Schraubenbahnen abgelenkt, die in der Aufsicht zu Kreisbahnen werden. Die Frequenz, mit der die Elektronen auf diesen Kreisbahnen umlaufen, hängt dabei von der Stärke des Magnetfeldes H und der effektiven Masse m^* ab:

$$\omega_c = \frac{e \cdot H}{m^*}$$

Dabei bedeutet ω_c die Umlauffrequenz, die Zyklotron-Resonanzfrequenz, e ist wieder die Ladung des Elektrons.

Um mit diesem Effekt m^* zu bestimmen, geht man folgendermaßen vor: Man bringt ein flaches Stück eines Leiters in ein Magnetfeld. Dies zwingt die Elektronen auf Kreisbahnen, deren Radien sehr groß sind im Vergleich mit atomaren Dimensionen: Bei gut zugänglichen Magnetfeldern in der Größenordnung 1 Tesla liegt der Radius der Kreisbahn bei 10^{-3} cm. Nun bestrahlt man die Probe mit einem elektrischen Wechselfeld, wobei die Schwingungsrichtung des elektrischen Feldvektors parallel zur Oberfläche des Leiters liegen muß (Abb. 5.12).

Ein solches Wechselfeld kann aber in einen Leiter nicht sehr weit eindringen, es bleibt auf eine oberflächennahe Schicht beschränkt. (Warum es sich so verhält, wird später klar werden.) Dabei ist die Eindringtiefe des Wechselfeldes klein im Vergleich zur Kreisbahn des um die Magnetfeldlinien umlaufenden Elektrons. Das Elektron "spürt" das elek-

trische Wechselfeld daher nur auf dem kleinen Teil seiner Bahn, der in
der Nähe der Oberfläche der Probe liegt.

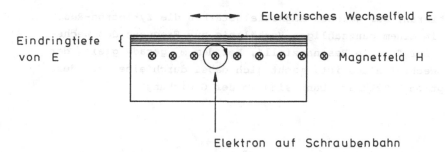

Abb. 5.12. Anordnung zur Messung der Zyklotron-Resonanz. Das Magnetfeld, angedeutet durch ⊗, steht senkrecht auf der Papierebene. Die
Schraffur deutet die Eindringtiefe des Wechselfeldes E an.

Wenn die Frequenz des Wechselfeldes genau auf die Umlauffrequenz des
Elektrons eingestellt ist, tritt Resonanz ein. Das Elektron nimmt Energie aus dem Wechselfeld auf und wird beschleunigt. Bei der Messung
zeigt sich das Eintreten der Resonanz dadurch, daß die Stärke des Wechselfeldes abgeschwächt wird. Da es aber nicht einfach ist, die Frequenz
eines Wechselfeldes zu variieren, geht man experimentell ein wenig anders vor: Man hält das elektrische Wechselfeld bei konstanter Frequenz
und erhöht allmählich die Stärke des Magnetfeldes H.

Immer dann, wenn $\omega_c = e \cdot H/m^*$ ein ganzzahliges Verhältnis zur Frequenz
des Wechselfeldes erreicht, absorbieren die Elektronen Energie aus dem

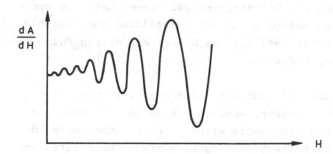

Abb. 5.13. Zyklotron-Resonanz bei konstanter Frequenz des elektrischen
Wechselfeldes (einige GHz). Aufgetragen ist die Veränderung dA der Absorption bei Feldänderung dH, dA/dH, als Funktion der Feldstärke H.

Feld. Man beobachtet dann eine Kurve der Absorption als Funktion der
Magnetfeldstärke, wie sie in Abb. 5.13 gezeigt ist.

Man erkennt hieran, bei welchen Magnetfeldstärken die Zyklotron-Resonanzfrequenz in einem ganzzahligen Verhältnis zur Frequenz des Wechselfeldes steht. Der "ideale Resonanzfall", bei dem ω_c gerade gleich der
Frequenz des Wechselfeldes ist, macht sich dabei durch eine besonders
starke Absorption bemerkbar. Dann sind in der Gleichung

$$\omega_c = \frac{e \cdot H}{m^*}$$

alle Größen außer der effektiven Masse m^* bekannt, so daß diese berech-
net werden kann.

Um den Effekt überhaupt beobachten zu können, ist es allerdings notwendig, daß das Elektron seine Kreisbahn mehrmals durchlaufen kann,
bevor es durch einen Stoß mit einem Phonon oder mit einer Verunreinigung gestreut wird. Die mittlere freie Weglänge muß also groß gegenüber dem Umfang der Kreisbahn sein. Daher ist man gezwungen, sehr reine
Proben zu verwenden und bei tiefen Temperaturen (Temperatur des flüssigen Heliums, 4,2 K) zu arbeiten.

Die Masse, genauer die effektive Masse, macht sich auch in den optischen Eigenschaften der Metalle bemerkbar. Das typische Aussehen eines
Metalls, also eines Körpers, der näherungsweise ein freies Elektronengas enthält, ist ja allgemein bekannt: Metalle sind (jedenfalls in nicht
allzu dünner Schicht) für sichtbares Licht undurchdringlich. Sie absorbieren es aber kaum, sondern sie reflektieren es. Dieses Reflexionsvermögen für Licht, das man zum Beispiel bei der Herstellung von Spiegeln
ausnutzt, bedingt den typischen metallischen Glanz. Mit diesem Phänomen wollen wir uns nun näher befassen.

Hierzu müssen wir berücksichtigen, daß ein Stück Metall ja nicht nur
aus dem freien Elektronengas besteht, sondern daß es ja auch noch den
Verband der positiv geladenen Atomrümpfe enthält. Diese Atomrümpfe können nun höchstens um ihre Mittellage schwingen, während das Elektronengas relativ zu ihnen frei beweglich ist. Ein solches System, das nach
außen hin elektrisch neutral ist, in dem sich aber mindestens eine La-
dungsträgerart frei bewegen kann, nennt man ein Plasma. Dieses Plasma
vermag in seiner Gesamtheit Schwingungen, die Plasmaschwingungen, aus-

führen, die man sich folgendermaßen vorstellen kann (Abb. 5.14):

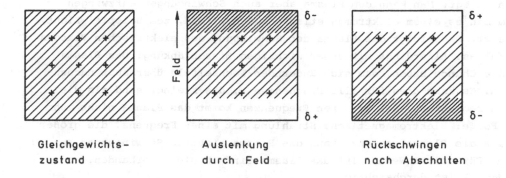

| Gleichgewichts- | Auslenkung | Rückschwingen |
| zustand | durch Feld | nach Abschalten |

Abb. 5.14. Anregung eines Plasmas zu Plasmaschwingungen. Das freie Elektronengas ist durch Schraffur angedeutet.

Legt man an das Plasma von außen ein elektrisches Feld E an, so werden die beweglichen Elektronen in Richtung des Feldes gezogen, so daß eine Ladungstrennung in dem Plasma erfolgt. Beim Abschalten des Feldes werden die Elektronen durch Coulombsche Kräfte zurückgetrieben. Aufgrund ihrer trägen Masse schwingen sie nun aber über das Ziel hinaus, werden wieder zurückgezogen, und die Plasmaschwingung ist angeregt. (Ganz analog macht man es ja mit einem mechanischen Pendel, das man aus seiner Ruhelage auslenkt und dann losläßt.)

Diese Plasmaschwingung ist eine kollektive Erscheinung, die das ganze freie Elektronengas betrifft. (Auch diese Kollektivschwingung ist wieder gequantelt, ihre Quanten werden Plasmonen genannt.) Die Plasmaschwingung hat eine charakteristische Frequenz, die Plasmafrequenz ω_p Da bei diesem Vorgang elektrostatische Anziehungskräfte und träge Massen eine Rolle spielen, wird die Plasmafrequenz von der Ladung des Elektrons und von seiner effektiven Masse abhängen:

$$\omega_p = \frac{4 \cdot \pi \cdot n \cdot e^2}{m^*}$$

Dabei bedeutet n wieder die Anzahl der Elektronen, die die Dichte des Plasmas ausmacht. Die effektive Elektronenmasse m^* liegt auch hier umso näher an der echten Elektronenmasse m, je besser die Elektronen dem Modell des freien Elektronengases gehorchen.

Die Plasmafrequenz ω_p ist also die Eigenfrequenz des Plasmas, mit der
es schwingt, wenn man die Schwingung durch eine einmalige Störung von
außen anregt. Man kann dem Plasma aber auch Schwingungen aufzwingen,
indem man es einem elektromagnetischen Wechselfeld, zum Beispiel Licht,
aussetzt. Dann folgt das Plasma der Schwingung des elektrischen Vektors
des Feldes. Allerdings mit einer wichtigen Einschränkung: Das Plasma
muß die Chance haben, dem sich ändernden Wechselfeld überhaupt nachzu-
kommen. Es kann dies für alle Frequenzen ω, die kleiner sind als die
Plasmafrequenz ω_p. Bei größeren Frequenzen kommt das Plasma nicht mehr
mit. Folge: Elektromagnetische Strahlung mit einer Frequenz, die größer
ist als die Plasmafrequenz, kann das Plasma nicht zu Schwingungen anregen. Für solche Wellen ist das Plasma einfach nicht vorhanden, und
das Metall ist durchsichtig.

Anders ist es für Frequenzen ω, die kleiner sind als die Plasmafrequenz.
Solche Wellen regen in dem Plasma Schwingungen an, geben also ihre Ener-
gie an das Plasma ab. Nun ist dieses schwingende Plasma ein schwingen-
der elektrischer Dipol, und ein solcher stellt ja einen Sender für elek-
tromagnetische Wellen dar. Daher sendet das Plasma elektromagnetische
Wellen der Frequenz aus, mit der es angeregt wurde. Die eingestrahlte
Welle kommt also einfach wieder zurück, sie wird vom Plasma reflektiert.
Abbildung 5.15 stellt dies graphisch dar.

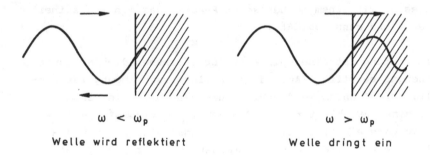

$$\omega < \omega_p \qquad\qquad\qquad \omega > \omega_p$$

Welle wird reflektiert   Welle dringt ein

Abb. 5.15. Reaktionen eines Plasmas auf elektromagnetische Wellen.

Den Effekt, daß eine elektromagnetische Welle mit einer Frequenz kleiner als die Plasmafrequenz nur in eine sehr dünne (etwa 100 nm) Oberflächenschicht eines Metalles eindringen kann und dann zurückgeworfen
wird, haben wir bei der Messung der Zyklotron-Resonanzfrequenz (Seite
80) bereits ausgenutzt.

Das Reflexionsvermögen eines Metalles als Funktion der eingestrahlten
Frequenz, das Reflexionsspektrum, läßt sich experimentell einfach bestimmen. Im Idealfall eines freien Elektronengases würde man den als
durchgezogene Linie in Abb. 5.16 gezeigten Verlauf erwarten. In Wirklichkeit beobachtet man in der Regel einen Verlauf, wie er durch die
gestrichelte Linie wiedergegeben ist.

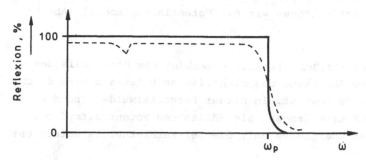

Abb. 5.16. Reflexionsspektrum. ——— für freies Elektronengas,
– – – – für reales Metall.

Typisch für ein Metall, in dem die Vorstellung des freien Elektronengases wenigstens näherungsweise verwirklicht ist, ist der scharfe Abfall des Reflexionsvermögens bei der Plasmafrequenz ω_p. Die experimentelle Beobachtung dieses als Drude-Kante bezeichneten Abfalls (auch
Absorptionskante oder Plasmakante genannt) liefert einen Beweis dafür,
daß in der untersuchten Substanz angenähert freie Elektronen vorhanden
sind. Aus der beobachteten Lage der Plasmafrequenz ist bei bekannter
Anzahl n der Elektronen wieder die effektive Masse m^* berechenbar.

Eine solche Drude-Kante kann man sich auch praktisch zunutze machen.
Sie bewirkt zum Beispiel, daß Alkalimetalle im UV-Licht durchsichtig
sind. Künstlich kann man Substanzen herstellen (in der Praxis sind dies
Halbleiter), bei denen die Plasmakante zwischen sichtbarem und infra-
rotem Licht liegt. Beschichtet man damit ein Glas, so läßt dieses wohl
sichtbares Licht durch, nicht aber die niederfrequentere Wärmestrahlung.
Solche Materialien eignen sich bestens als Abdeckungen für Solaranlagen,
die das sichtbare Sonnenlicht in Wärme umwandeln: Die im Absorber entstehende Wärmestrahlung kann die Abdeckung nicht mehr durchdringen.
Die Wärme wird daher im Sonnenkollektor zurückgehalten und steht für
Nutzzwecke zur Verfügung.

5.4 Das Potentialtopfmodell

Bei unseren bisherigen Überlegungen zum freien Elektronengas haben wir
immer nur die Verhältnisse im Innern des Metalls betrachtet. Die äus-
sere Begrenzung des Metalls war weitgehend unwichtig. Im Folgenden wollen wir einige Effekte behandeln, bei denen die Begrenzung des Metalls
eine Rolle spielt. Hierfür können wir das Potentialtopfmodell (Abb.
5.17) heranziehen.

Dabei faßt man das Metallstück als eine Absenkung des Potentials des
Außenraumes auf. Diese Absenkung des elektrischen Potenials wird durch
die positiven Atomrümpfe bewirkt. In dieser Potentialmulde sind die
Elektronen energetisch eingefangen. Sie füllen den Potentialtopf bis
zu einer energetischen Obergrenze auf, die der Fermi-Energie entspricht.

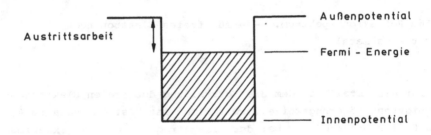

Abb. 5.17. Potentialtopfmodell.

Die Energiedifferenz zwischen Fermi-Energie und Außenpotential (genauer
müßte man natürlich sagen: eines Elektrons im Außenpotential) ergibt
die Arbeit, die man leisten muß, wenn man ein Elektron aus dem Metall
in den Außenraum bringen will. Sie wird als Austrittsarbeit bezeichnet.

Die Austrittsarbeit kann im wesentlichen auf zwei Weisen aufgebracht
werden. Die eine Möglichkeit besteht in der Zufuhr thermischer Energie,
also im Erhitzen des Metalls. Am einfachsten schickt man hierzu einen
elektrischen Strom durch den Leiter, bis dieser zu glühen beginnt. Dabei erhalten einige Elektronen genügend Energie, um den Potentialtopf
zu verlassen. Daher der Ausdruck Glühemission. Der Metalldraht lädt
sich natürlich nicht positiv auf, da die emittierten Elektronen ja durch
den Heizstrom nachgeliefert werden.

Andererseits kann die zum Entkommen aus dem Potentialtopf notwendige
Energie auch durch kurzwellige (energiereiche) elektromagnetische Strahlung aufgebracht werden. In günstigen Fällen genügt hierfür sichtbares
oder ultraviolettes Licht. Man spricht dann vom Photoeffekt und nennt
die emittierten Elektronen Photoelektronen: Das Metall absorbiert ein
Lichtquant und verwendet die Energie, um ein Elektron zu emittieren.
Die Energiedifferenz zwischen Energie des Lichtquantes und der Austrittsarbeit wird dem Photoelektron als kinetische Energie mitgegeben.
In Photozellen nutzt man diesen Effekt zur Stromerzeugung aus: Durch
die Emission von Elektronen lädt sich das Metall positiv auf. Die Photoelektronen können über einen äußeren Stromkreis, in dem sie eine Arbeit leisten, zum aussendenden Metall zurückkehren.

Dieser Photoeffekt ist in der Chemie sehr nützlich, da man mit ihm die
Bindungsenergie der Elektronen - also die Energiedifferenz zwischen den
im Kristall gebundenen Elektronen und Elektronen im Außenraum - quantitativ messen kann: Man bestrahlt die Probe mit monochromatischem
(UV-)Licht bekannter Wellenlänge. Die Energie der einzelnen Lichtquan-
ten (Photonen) kennt man über die Plancksche Beziehung $E = h \cdot \nu$. Ist
diese Energie größer als die Austrittsarbeit, kann ein Lichtquant ein
Elektron aus der Probe herausschlagen. Die Energiedifferenz zwischen
dem Photon und der Austrittsarbeit wird dem Elektron als kinetische
Energie mitgegeben. Mißt man nun die kinetische Energie der emittierten
Elektronen in einem geeigneten Spektrometer, so erhält man aus der Dif-
ferenz zwischen bekannter Photonenenergie und gemessener kinetischer
Energie der Elektronen unmittelbar die Austrittsarbeit.

Dieses Verfahren zur Bestimmung der Bindungsenergie von Elektronen ist
nun keineswegs auf ein freies Elektronengas beschränkt. Es funktioniert
auch genausogut, wenn die Elektronen an die einzelnen Atome gebunden
sind. Dann spricht man eben nicht von Austrittsarbeit, sondern von den
Energien der Atom- oder Molekülorbitale. Mit Energie ist dabei wie immer die Energiedifferenz zwischen dem Elektron in seinem Orbital und
einem Elektron im Außenraum gemeint.

Solche Messungen liefern dem Chemiker wichtige Aussagen über die Atomsorten in einer Probe, ihre Oxidationszustände und die eingegangenen
chemischen Bindungen. Das Meßverfahren wird als ESCA ("electron spectroscopy for chemical analysis") -Spektroskopie bezeichnet. Je nachdem,
ob man als anregende Strahlung UV- oder Röntgenstrahlung verwendet, un-

terscheidet man noch zwischen UPS (ultraviolet photoelectron spectroscopy) und XPS (X-ray photoelectron spectroscopy).

Zurück zum Potentialtopfmodell und zur Austrittsarbeit. Durch Anlegen
einer elektrischen Spannung zwischen Probe und einer Gegenelektrode,
durch Anlegen eines äußeren Potentials also, läßt sich die Austrittsarbeit effektiv herabsenken. Im Bild des Potentialtopfes sieht dies so
aus (Abb. 5.18):

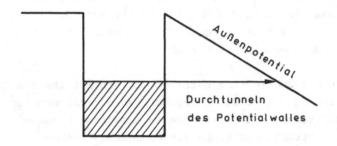

Abb. 5.18. Potentialtopf unter dem Einfluß eines äußeren Potentials.

Man muß nun zwar auch Energie aufwenden, um das Elektron aus dem Potentialtopf zu entfernen, erhält aber andererseits Energie zurück, indem
das Elektron durch das äußere Feld beschleunigt wird. Dann ist ein Effekt möglich, der in der klassischen Physik nicht erlaubt ist, den die
Quantenphysik jedoch erklären kann: Das Elektron muß gar nicht mehr
über den Potentialwall hinübergehoben werden, sondern kann ihn sozusagen "durchtunneln".

Aufgrund dieses "Tunneleffektes", der umso ausgeprägter wird, je stei-
ler der Abfall des Außenpotentials ist, kann man Elektronen durch ein
äußeres Feld aus der Probe heraussaugen. Bei hinreichend hohen Spannungen, also bei einem steilen Abfall des äußeren Potentials, gelingt
dies bei Zimmertemperatur ohne sonstige Energiezufuhr. Man spricht dann
von Feldemission, die man sich zum Beispiel beim Feldemissionsmikroskop
zur Abbildung der Atomverteilung in einer Metallspitze zunutze macht.

Die Feldemission ist nur ein Grenzfall der allgemeinen Erscheinung,
daß unter dem Einfluß eines elektrischen Feldes die Austrittsarbeit
erniedrigt wird, und die man als Schottky-Effekt bezeichnet. Durch seine

Anwendung in Fernseh- und Röntgenröhren hat dieser Effekt eine große
praktische Bedeutung.

Betrachten wir nun die Konsequenzen des Potentialtopfmodells, wenn man
zwei unterschiedliche Metalle sich berühren läßt (Abb. 5.19). Vor der

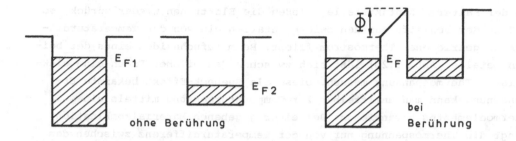

Abb. 5.19. Potentialtopfmodell für zwei verschiedene Metalle.

Berührung ist für beide Metalle das Außenpotential auf gleicher Höhe,
der Boden des Innenpotentials und die Fermi-Energie sind verschieden.
Bei der Berührung fließen nun Elektronen aus dem Metall mit der höheren
Fermi-Energie in dasjenige mit der niedrigeren Fermi-Energie, da hierbei Energie frei wird. Der Elektronenfluß kommt jedoch rasch zum Still-
stand, da sich das eine Metall gegenüber dem anderen elektrisch auf-
lädt und die entstehende Spannung die Elektronen zurückhält.

Im Potentialtopfmodell bedeutet dieses Aufladen, daß sich der gesamte
Potentialtopf mit niedriger Fermi-Energie soweit anhebt, bis die Fermi-
Energie in beiden Metallen gleich hoch liegt (Abb. 5.19 rechts). Die
dabei entstehende Potentialdifferenz Φ, die von dem Unterschied zwischen den beiden Austrittsarbeiten abhängt, kann direkt gemessen werden. Man bezeichnet sie als Berührungsspannung.

Interessant wird es nun, wenn man die beiden Metalle an zwei Stellen
in Kontakt bringt. Solange beide Kontaktstellen die gleiche Temperatur
haben, passiert gar nichts: Die Berührungsspannungen sind an beiden
Kontaktstellen gleich. Dies wird anders, wenn eine Temperaturdifferenz
zwischen den beiden Kontaktstellen herrscht. An der Kontaktstelle mit
der höheren Temperatur werden aus dem Metall mit der größeren Elektronendichte (Anzahl freier Elektronen pro Volumeneinheit) Elektronen in
das Metall mit der geringeren Elektronendichte getrieben. Dies kommt

daher, daß die Tendenz der Elektronen zum Verlassen des Metalls (salopp gesprochen: der Druck des Elektronengases) bei hoher Elektronendichte mit steigender Temperatur stärker zunimmt als bei geringer Elektronendichte. Diese Temperaturabhängigkeit ist zwar sehr klein, aber sie genügt.

An der kälteren Kontaktstelle fließen die Elektronen wieder zurück, so daß in der Schleife aus den beiden Metallen ein von der Temperaturdifferenz getriebener Thermostrom fließt. Beim Aufschneiden eines der beiden Metalle (Abb. 5.20) läßt sich zwischen den offenen Enden eine elektrische Thermospannung messen. Diese als Seebeck-Effekt bekannte Erscheinung kann man unmittelbar zur Temperaturmessung mittels eines Thermoelementes heranziehen: Bei einer gegebenen Materialkombination hängt die Thermospannung nur von der Temperaturdifferenz zwischen den beiden Kontaktstellen ab. Auch sollte es sich von selbst verstehen, daß die bei einer bestimmten Temperaturdifferenz auftretende Thermospannung je nach der Art der beiden Metalle unterschiedlich ist.

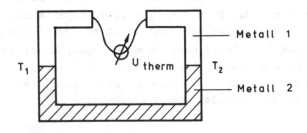

Abb. 5.20. Seebeck-Effekt.

Zur Temperaturmessung genügt es, eine Kontaktstelle auf einer bekannten Temperatur zu halten. Dann läßt sich aus der Thermospannung die Temperatur der anderen Kontaktstelle bestimmen. Dazu muß man natürlich wissen, wie sich bei der verwendeten Materialkombination die Thermospannung mit der Temperaturdifferenz ändert. Das heißt, man muß die Empfindlichkeit oder die Thermokraft seines Thermoelementes kennen.

Die Thermospannung beziehungsweise den Thermostrom kann man auch zur Arbeitsleistung heranziehen. Man verwendet dann das Thermoelement als Thermogenerator zur unmittelbaren Umwandlung von Wärmeenergie in elektrische Energie. Allerdings ist der Wirkungsgrad dabei klein und die

erreichbaren Ströme sind gering. Für spezielle Anwendungen, zum Beispiel für die Energieversorgung von Satelliten, hat diese Methode jedoch eine gewisse praktische Bedeutung, da der Temperaturunterschied
zwischen der der Sonne zugewandten und der der Sonne abgewandten Seite
beträchtlich ist.

In einem Thermoelement oder einem Thermogenerator führt also eine Temperaturdifferenz an den beiden Kontaktstellen zu einem elektrischen
Strom, dem Thermostrom. Der Effekt läßt sich umkehren: Ersetzt man in
Abb. 5.20 das Spannungsmeßgerät durch eine Stromquelle, die einen Strom
durch die Metallschleife schickt, so erwärmt sich die eine Kontaktstelle, die andere kühlt sich ab. Dies wird Peltier-Effekt genannt.
Liefert man die an der kalten Kontaktstelle der Umgebung entzogene Wärme ständig nach, so erfolgt ein konstanter Wärmetransport von kalt nach
warm. Das System arbeitet dann als Wärmepumpe.

Die in einer bestimmten Zeit transportierte Wärmemenge hängt zum einen
von der Stärke des elektrischen Stromes ab, zum anderen wieder von der
verwendeten Materialkombination. Die Materialabhängigkeit wird dabei
als Peltier-Koeffizient des Systems bezeichnet. Es dürfte kaum verwun-
dern, daß für verschiedene Materialkombinationen Peltier-Koeffizient
und Thermokraft einander proportional sind. In der Praxis wird der Peltier-Effekt hauptsächlich zum Kühlen herangezogen.

6 Das Elektron im periodischen Potential: Energiebänder

Im vorhergehenden Kapitel haben wir gesehen, daß das Modell des freien
Elektronengases einige der bekannten Metalleigenschaften recht gut erklären kann. Es scheitert jedoch an einer einfachen Frage: Warum sind
nicht alle Festkörper Metalle? Warum kristallisieren zum Beispiel man-
che chemische Elemente so, daß sie gute elektrische Leiter bilden (was
für die Mehrzahl der chemischen Elemente gilt), andere als Isolatoren
und wieder andere als das, was wir im Augenblick etwas diffus als Halbleiter bezeichnen? Elektronen gibt es doch schließlich in allen!

Dem Leser wird sicherlich vertraut sein, daß man die unterschiedlichen
Eigenschaften von Metallen, Halbleitern und Isolatoren mit dem Vorliegen

von Energiebändern für die Elektronen erklärt. Damit möchte man ausdrücken, daß für Elektronen in einem Festkörper nur bestimmte Energiebereiche zur Verfügung stehen, andere sind ihnen verboten. Im Modell
des freien Elektronengases gibt es solche Energiebänder nicht, dort
sind im Prinzip alle Energien erlaubt. (Von der Quantelung der Energien sehen wir dabei ab, da diese in einem wesentlich feineren Maßstab
zum tragen kommt als uns hier interessiert.)

Zur Erinnerung ist in Abb. 6.1 nochmal die Energie der Elektronen als
Funktion der Elektronen-Wellenvektoren dargestellt. Dabei liegen die
nach dem Quantenprinzip erlaubten Energiezustände so dicht, daß wir
sie als quasikontinuierlich ansehen dürfen. Die zur Verfügung stehenden Energiezustände sind bis zur Fermi-Energie mit Elektronen besetzt.

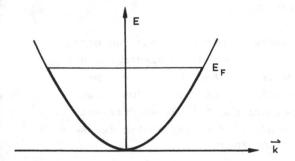

Abb. 6.1. Energiebeziehung für das freie Elektronengas.

Es gibt nun zwei Ansätze, um von diesem Modell des freien Elektronengases mit der quasikontinuierlichen Energiestufung zum realistischeren
Modell der Energiebänder zu gelangen. Der eine Weg modifiziert das Modell des freien Elektronengases und heißt daher die "Näherung des nahezu freien Elektrons". Der zweite Weg geht von Elektronen aus, die fest
an ihr Atom gebunden sind, und setzt dann den Festkörper zusammen, in
dem die Elektronen von einem Atom zum anderen überwechseln können. Dies
ist die "Näherung des fest gebundenen Elektrons". Dabei liegt die erste
Näherung mehr in der Denkweise der Physiker, die zweite mehr in derjenigen der Chemiker. Wir behandeln die erste Näherung etwas ausführli-
cher, weil sie wunderschön ist, und die zweite sehr knapp, da hier eine
gewisse Vertrautheit vorausgesetzt werden darf.

6.1 Näherung des nahezu freien Elektrons

Wir müssen uns nun wieder auf das besinnen, was wir am Anfang dieses
Buches behandelt und im Kapitel 5 wieder vergessen haben: Ein ordent-
licher Festkörper ist aus sich periodisch wiederholenden Gitterbaustei-
nen aufgebaut. Und das ist auch schon die Grundlage dieser Näherung!
Aber gehen wir schrittweise vor und betrachten wir zunächst wieder das
einfachste Gitter, eine lineare Kette aus gleichen Atomen in gleichen
Abständen (Abb. 6.2).

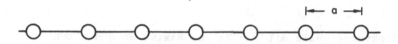

Abb. 6.2. Lineare äquidistante Atomkette.

Die Gitterkonstante dieser Kette ist der Abstand a zwischen zwei benachbarten Atomen. Nehmen wir außerdem an, daß es sich dabei um ein
Metall handelt. Die Atome seien also positiv geladen und die Elektronen
mögen sich frei über sie hinwegbewegen können.

Nun denken wir noch daran, daß sich diese freien Elektronen als Wellen
verhalten, mit Wellenlängen λ und Wellenvektoren $\vec{k} = 2\pi/\lambda$. Solange die
Elektronen sehr energiearm sind, also im Vergleich zu a große Wellen-
längen haben, spürt die Elektronenwelle die periodisch wiederkehrende
positive Ladung nicht. Dies liegt daran, daß über die ganze Kette hinweg jede Orientierung eines Wellenberges relativ zu den Atomrümpfen
vorkommt. Eine Verschiebung der Welle längs der Kette ändert hieran
nichts.

Dies gilt nicht mehr, wenn die Wellenlänge λ gerade 2a und damit $\vec{k} =$
π/a wird: Diese Welle kann sich entlang der Kette nicht fortbewegen.
Sie wird gewissermaßen an den Gitterpunkten festgehalten. Man drückt
dies etwas physikalischer aus indem man sagt, die Welle erfährt eine
Bragg-Reflexion am Gitter, wodurch sie zu einer stehenden Welle wird.

Diese Welle mit λ = 2a bzw. $\vec{k}$ = π/a kann nun zwei Positionen relativ zu
den Atomrümpfen einnehmen: Sie steht entweder so, daß ihre Maxima und
Minima gerade an den Stellen der Atomrümpfe liegen (Abb. 6.3) oder so,
daß diese gerade zwischen die Atomrümpfe fallen (Abb. 6.4).

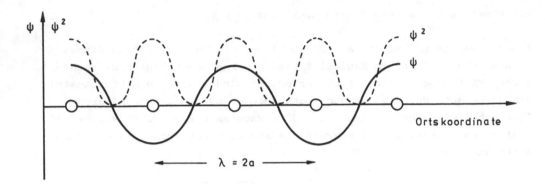

Abb. 6.3. Stehende Elektronenwelle mit λ = 2a und Maxima an den Orten der Atomrümpfe. Durchgezogen: Wellenfunktion ψ, gestrichelt: quadrierte Wellenfunktion ψ^2.

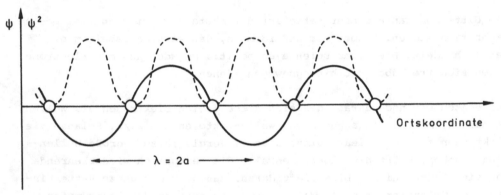

Abb. 6.4. Stehende Elektronenwelle mit λ = 2a und Maxima zwischen den Atomrümpfen, entsprechend Abb. 6.3.

Nun müssen wir auf ein Resultat aus der Quantentheorie zurückgreifen, das diesen Elektronenwellen eine physikalische Bedeutung verleiht: Multipliziert man nämlich die Wellenfunktion ψ, die die Elektronenwelle beschreibt, mit sich selbst, so ergibt diese neue Funktion ψ^2 ein Maß für die Wahrscheinlichkeit, das Elektron an dieser Stelle zu finden. Gleichbedeutend hiermit ist die Formulierung: ψ^2 ist ein Maß für die Elektronendichte als Funktion des Ortes. Der Verlauf von ψ^2 ist in Abb. 6.3 und 6.4 gestrichelt eingezeichnet. Diese Funktion für die Aufenthaltswahrscheinlichkeit des Elektrons längs der Kette kann natürlich keine negativen Werte annehmen.

Im Modell des freien Elektrons gehört zu jedem Wellenvektor $\vec{k}$ des Elektrons eine ganz bestimmte Energie. Dies ist bei den beiden Elektronenwellen in Abb. 6.3 und 6.4 nicht der Fall! Beide Wellen haben gleiche Wellenlängen und damit gleiche Wellenvektoren, nämlich $\vec{k}$ = π/a. Dennoch hat die Welle in Abb. 6.3 eine niedrigere Energie als die in Abb. 6.4: Im ersten Fall befindet sich nämlich die größte Elektronendichte an den Orten der positiven Atomrümpfe, und die räumliche Nähe positiver und negativer Ladung ist nun mal energetisch bevorzugt. Im zweiten Fall liegen die Orte höchster Elektronendichte genau in der Mitte zwischen den positiven Atomrümpfen, und das ist energetisch weniger günstig.

Nochmal in Kürze: Eine Elektronenwelle mit λ = 2a kann nicht die Kette entlanglaufen, sondern sie wird an den Gitterpunkten in sich zurückreflektiert. Sie bildet eine stehende Welle aus, für die nur die beiden in Abb. 6.3 und 6.4 gezeigten Positionen möglich sind. Für alle anderen würde sich die Welle durch Interferenz selbst auslöschen. Die beiden möglichen Positionen unterscheiden sich in ihrer Energie, da einmal Elektronendichte an den Stellen der positiven Atomrümpfe aufgebaut wird und im anderen Fall die Elektronendichte dort gerade verschwindet.

Wie groß der Energieunterschied für diese beiden Elektronenwellen ist, hängt von der Stärke des elektrischen Potentials an der Stelle der Atomrümpfe ab: je größer das Potential, desto günstiger die Orientierung in Abb. 6.3 und desto größer die Energiedifferenz zwischen den beiden Möglichkeiten. Damit wird die Energiedifferenz zu einer Frage der Natur der Atomrümpfe; für verschiedene Substanzen wird sie unterschiedlich groß sein.

Unsere schlichte Energiekurve des freien Elektrons, Abb. 6.1, bekommt also eine Lücke an der Stelle $\vec{k}$ = ±π/a (Abb. 6.5). Die tiefere Energie gehört zur Situation der Abb. 6.3, die höhere zu derjenigen der Abb. 6.4. Die Größe der Energielücke ΔE ist dabei von Substanz zu Substanz verschieden.

Die Positionen ±π/a im k-Raum kommen uns bekannt vor: Sie stellen ja gerade die Grenzen der ersten Brillouin-Zone dar. Die Energielücke tritt also an der Grenze der ersten Brillouin-Zone auf. In dem Festkörper gibt es keine Elektronen mit Energien zwischen E(1) und E(2): Es ist ein verbotener Energiebereich entstanden, der eine Konsequenz der periodischen Anordnung der Atomrümpfe im Gitter ist.

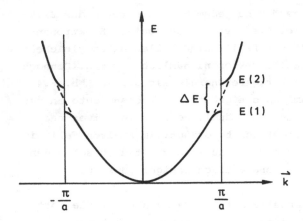

Abb. 6.5. Energiekurve für Elektronen im periodischen Potential mit
Gitterkonstanten a.

Da nun das Reziproke Gitter wirklich ein Gitter darstellt, müssen um
jeden Reziproken Gitterpunkt die gleichen energetischen Verhältnisse
herrschen. Wir können daher Abb. 6.5 dadurch ergänzen, daß wir die Energiekurve von jedem Reziproken Gitterpunkt aus auftragen (Abb. 6.6).

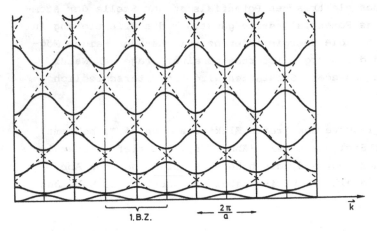

Abb. 6.6. Energiekurven im periodischen Zonenschema.

Die gestrichelten Kurven entsprechen, wie auch in Abb. 6.5, den Verhältnissen des freien Elektronengases, die ausgezogenen den Elektronen in
einem periodischen Potential.

Man sieht in Abb. 6.6 deutlich, daß die energetischen Verhältnisse im
k-Raum sich durch periodisches Wiederholen der ersten Brillouin-Zone
ergeben. Daher die früher gebrauchte Formulierung, die erste Brillouin-
Zone sei die "energetische Elementarzelle" im k-Raum. Die in Abb. 6.6
gewählte Auftragung wird als periodisches Zonenschema bezeichnet. Es
genügt jedoch die Betrachtung der ersten Brillouin-Zone allein, die in
Abb. 6.7 links nochmals herausgezeichnet ist. Da man sich hierbei auf
eine Zone beschränkt, spricht man vom reduzierten Zonenschema.

Anschaulicher ist jedoch wohl genau die umgekehrte Darstellungsweise,
in der man eine Energiekurve, von ihrem Nullpunkt ausgehend, durch benachbarte Brillouin-Zonen verfolgt (Abb. 6.7 rechts). In diesem erweiterten Zonenschema sieht man deutlich, wie auf einer Energiekurve immer
wieder Energielücken für Wellenvektoren $\pm n\pi/a$ auftreten.

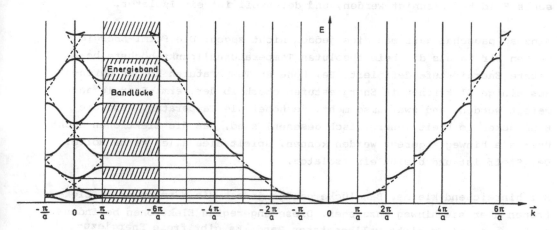

Abb. 6.7. Reduziertes (links) und erweitertes Zonenschema (rechts).
Dazwischen sind die erlaubten (schraffiert) und die verbotenen Energiebereiche angedeutet.

Die Kurvenzüge geben also an, welche Energien für Elektronen in einem
periodischen Potential erlaubt sind. Bezeichnet man diese erlaubten
Energiebereiche als Energiebänder, die dazwischenliegenden verbotenen
Bereiche als Bandlücken oder Energielücken, so haben wir unser Ziel erreicht und das Bänderschema der Elektronen in einem Festkörper eingeführt. In der verwendeten Näherung gingen wir also von freien Elektro-

nen aus und haben betrachtet, welchen Einfluß das periodische Gitter
auf diese Elektronen hat. Wir wurden so unmittelbar zur Existenz der
Energiebänder geführt. Energiebänder und Energielücken sind eine Folge
des periodischen Gitteraufbaus.

Der Rest der Geschichte ist nun schnell erzählt. Ist ein Energieband
nicht voll mit Elektronen besetzt, fällt also die Fermi-Energie irgendwo innerhalb eines erlaubten Energiebandes, so ist die Substanz ein
Metall. In enger Nachbarschaft zur Fermi-Energie stehen dann Energiezustände zur Verfügung, die das Elektron besetzen kann, wenn es durch
Beschleunigung in einem elektrischen Feld Energie aufnimmt.

Ist ein Energieband völlig besetzt, liegt also die Fermi-Energie nicht
innerhalb des Bandes, so können die Elektronen keinen beliebig kleinen
Energiebetrag aufnehmen, da die betreffenden Energiezustände nicht zur
Verfügung stehen. Die Elektronen können daher nicht durch ein elektrisches Feld beschleunigt werden, und der Stoff ist ein Isolator.

Ganz so pauschal darf man dies jedoch nicht sagen: Die Fermi-Energie
hatten wir ja als die beim absoluten Temperaturnullpunkt höchste besetzte Energiestufe definiert. Bei höheren Temperaturen können durchaus einige Elektronen in Energiestufen oberhalb der Fermi-Energie angeregt werden, und zwar umso mehr, je höher die Temperatur. Wenn die
Bandlücken so breit (energetisch gesehen) sind, daß die Elektronen nicht
über sie hinweg angeregt werden können, spielt dies alles keine Rolle.
Der Stoff ist und bleibt ein Isolator.

Bei hinreichend kleiner Bandlücke genügt jedoch die Wärmeenergie, Elektronen über sie hinweg anzuregen. Diese angeregten Elektronen befinden
sich nun in einem nicht vollbesetzten Band. Es gibt freie Energiezustände in ihrer Nachbarschaft, die Elektronen können in einem elektrischen Feld Energie aufnehmen und damit elektrische Leitfähigkeit bewirken.

Konsequenterweise nennt man das Band, in das die Elektronen durch Wärmeenergie angeregt werden, das Leitungsband. Das darunterliegende Band,
aus dem die Elektronen kommen, trägt den Namen Valenzband (da es etwas
mit den chemischen Bindungen in der Substanz zu tun hat). Eine Substanz
mit diesen Eigenschaften ist ein Halbleiter. Er unterscheidet sich dadurch von einem Metall, daß seine Leitfähigkeit mit steigender Temperatur zunimmt: Bei Temperaturerhöhung werden mehr Elektronen über die

Bandlücke angeregt und stehen für den Stromtransport zur Verfügung.
Bei einem Metall ist es gerade umgekehrt, dort nimmt die Leitfähigkeit
mit steigender Temperatur ab. Die Gründe hierfür hatte wir diskutiert.

6.2 Näherung des stark gebundenen Elektrons

Wir wollen nun kurz den zweiten Ansatz besprechen, der uns zur Existenz
von Energiebändern führt. Diese Näherung des stark gebundenen Elektrons
ist dem Chemiker vertrauter, da sie seiner Vorstellung vom Zustandekommen chemischer Bindungen entspricht.

Man beginnt mit einem isolierten Atom, in dem die Elektronen ganz definierte Energiestufen einnehmen (Abb. 6.8 links). Bringt man ein zweites, gleichartiges Atom heran, so entstehen für einige Elektronen erlaubte Aufenthaltsräume, die sich über beide Atome erstrecken - aus
Atomorbitalen werden Molekülorbitale. Dies hat eine energetische Konsequenz: Aus zwei Atomorbitalen (eines von jedem Atom) werden zwei Molekülorbitale. (Die Anzahl der Orbitale, also der erlaubten Energiestufen für die Elektronen, bleibt bei diesem Vorgang stets gleich).
Eines davon liegt energetisch tiefer, das andere um den entsprechenden
Betrag energetisch höher als die Atomorbitale (Abb. 6.8 mitte).

Abb. 6.8. Erlaubte Energiestufen (Orbitalenergien): links: ein Atom-
orbital eines isolierten Atoms; mitte: Molekülorbitale bei zwei Atomen;
rechts: dichtliegende Molekülorbitale bei vielen Atomen.

Kommen nun weitere Atome mit ihren Atomorbitalen in die Nähe, so mi-
schen sie bei diesem Spielchen mit und stellen auch ihre Atomorbitale
für die Molekülorbitale zur Verfügung. Dabei entstehen entsprechend
mehr Molekülorbitale (die sich über alle beteiligten Atome hinweg erstrecken), deren Energien innerhalb der beim ersten Paar eingetretenen

Aufspaltung liegen (Abb. 6.8 rechts). Dies liegt daran, daß der Betrag
der Aufspaltung vom Abstand der Atome abhängt. Und der ist bei dem ersten Atompaar schon recht klein. (Ein wenig nimmt die Aufspaltung allerdings zu, wenn mehrere Atome untereinander kleine Abstände haben.)

Einen Metallkristall können wir nun als ein "Riesenmolekül" auffassen,
in dem sich alle Atome an der Ausbildung von Molekülorbitalen mit allen
anderen Atomen beteiligen. In Abb. 6.8 rechts liegen dann die Energien
dieser Orbitale so dicht, daß man von einer quasikontinuierlichen Abfolge von Energiestufen, eben einem Energieband, sprechen kann.

Eine andere Darstellungsweise des gleichen Sachverhaltes ist in Abb.
6.9 gezeigt. Dabei wird die Entstehung der verschiedenen Energiebänder
deutlich, die aus den einzelnen Atomorbitalen hervorgehen. Die Aufspaltung nimmt mit fallendem Abstand der Atome untereinander zu, und energetisch hochliegende Orbitale spalten stärker auf als die tiefliegen-
den. Dies liegt daran, daß die zugehörigen Aufenthaltsräume der Elektronen weiter in den Raum hinausreichen, so daß sie sich bei einem gegebenen Atomabstand stärker durchdringen. Die Aufspaltung kann soweit
gehen, daß sich die einzelnen Bänder überlappen. Dies bedeutet, daß
es die gleiche Energiestufe in zwei verschiedenen Bändern gibt.

Zum Glück ist dies so, sonst dürften viele Metalle gar keine Metalle
sein. Dies trifft zum Beispiel für die Erdalkalimetalle (Magnesium,
Calcium, usw.) zu. In den isolierten Atomen ist das 2s Orbital mit
zwei Elektronen besetzt, die 2p Orbitale sind leer. Beim Zusammentreten
der Atome zum Kristall entstehen die Energiebänder, wobei das 1s- und
das 2s-Band voll sind, das 2p-Band ist leer. Dies sollte kein Metall
sein. Jedoch stehen in dem mit dem 2s-Band überlappenden 2p-Band Energiezustände zur Verfügung, die tiefer liegen als besetzte Zustände im
2s-Band. Daher fließen Elektronen aus dem 2s- in das 2p-Band ab. Hierbei entstehen teilweise gefüllte Bänder, die das metallische Verhalten
bedingen.

Beim Vergleich der beiden erörterten Näherungen stellen wir fest, daß
sie sich im wahrsten Sinne des Wortes in der Mitte treffen. Die erste
Näherung begann mit einem freien Elektron, das - von der Quantelung abgesehen - jede beliebige Energie annehmen konnte. In einem Kristall
führt der Einfluß der periodisch angeordneten Atomrümpfe zur Aufspaltung in erlaubte Energiebänder und verbotene Bandlücken.

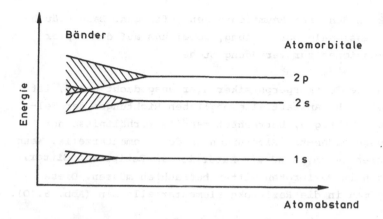

Abb. 6.9. Aufspaltung der Atomorbitale zu Energiebändern als Funktion des Abstandes der Atome untereinander.

Die zweite Näherung beginnt mit einem isolierten Atom und seinen fest gebundenen Elektronen, die nur ganz bestimmte Energiestufen – entsprechend den Atomorbitalen – einnehmen können. Die Zusammenlagerung vieler Atome zu einem Kristall verbreitert die einzelenen Energiestufen zu Bändern. Die Bandlücken sind die Überreste der verbotenen Energieintervalle zwischen den Atomorbitalen. In beiden Näherungen sind die Energiebänder eine Folge des kristallinen Aufbaus der Festkörper.

In der zweiten Näherung hatten wir gesehen, daß sich einzelne Bänder energetisch überlappen können. In der Näherung des nahezu freien Elektrons war davon keine Rede. Dies liegt daran, daß wir nur einen eindimensionalen Modellfall betrachtet hatten, in dem es für die Elektronenwellen nur eine Ausbreitungsrichtung gibt. In einem dreidimensionalen Kristall hängt die Energie der Elektronenwelle jedoch auch von der Richtung ab, in der sie sich durch das Gitter bewegt. Auch die energetische Lage der Bandlücken ist nicht nur vom Betrag, sondern auch von der Richtung des Wellenvektors k abhängig, da die Gitterperiodik in verschiedenen Richtungen unterschiedlich ist. Damit wollen wir uns noch ein wenig befassen:

6.3 Elektronen im dreidimensionalen Gitter

Die Behandlung des dreidimensionalen Falles stellt uns vor das übliche Problem: Wir müßten die Energie als Funktion der Komponenten $\vec{k}_x$, $\vec{k}_y$, $\vec{k}_z$

des Wellenvektors $\vec{k}$ in den drei Raumrichtungen auftragen. Dazu bräuchten wir eine vierdimensionale Darstellung, wobei uns auf dem Papier jedoch nur zwei Dimensionen zur Verfügung stehen.

Der Trick, den sich die Festkörperphysiker hier ausgedacht haben, ist ebenso genial wie einfach. Anstatt alle möglichen Richtungen der Wellenvektoren zu berücksichtigen, betrachtet man die Verhältnisse nur entlang weniger, ausgezeichneter Richtungen in der Elementarzelle. Wenn wir von Wellenvektoren reden, sind wir natürlich im Reziproken Gitter, so daß wir Richtungen im Reziproken Gitter betrachten müssen. Diese Richtungen zeichnet man in die Reziproke Elementarzelle ein (Abb. 6.10).

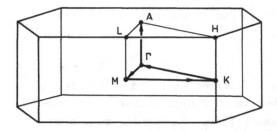

Abb. 6.10. Einige ausgezeichnete Richtungen in der Reziproken Elementarzelle. Gezeigt ist die erste Brillouin-Zone.

Nun trägt man die Abhängigkeit der Energie E der Elektronen von den Wellenvektoren entlang der in Abb. 6.10 eingezeichneten Richtungen in einem Diagramm auf. Dieses Diagramm setzt sich aus mehreren Abschnitten zusammen, wobei jeweils ein Abschnitt für eine bestimmte Richtung des Wellenvektors gilt. Ein Beispiel (die Kurven für Magnesium) ist in Abb. 6.11 gezeigt. Zum Magnesium paßt auch die sechseckige Reziproke Elementarzelle der Abb. 6.10.

Um das Diagramm der Abb. 6.11 zu verstehen, muß stets die Abb. 6.10 mit herangezogen werden, da dort die Richtungen definiert sind. Es liest sich dann folgendermaßen: Man beginne am linken Rand des Diagramms (Abb. 6.11) beim Punkt Γ, der in der Mitte der Reziproken Elementarzelle der Abb. 6.10 (und damit im Zentrum der ersten Brillouin-Zone) liegt. Der erste Abschnitt in Abb. 6.11 betrachtet Wellenvektoren in Richtung der Linie Γ - M, wobei M in der Mitte der vorderen Fläche liegt. Die Varia-

tion der Elektronenenergie E für Wellenvektoren in Richtung Γ - M ist
dann zwischen Γ und M in Abb. 6.11 eingezeichnet. Der Betrag des Wellenvektors $\vec{k}$ in dieser Richtung ist durch die Lage auf der Strecke Γ -
M in Abb. 6.11 angegeben.

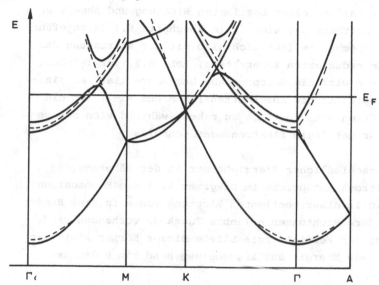

Abb. 6.11. Variation der Elektronenenergie E als Funktion des Wellenvektors $\vec{k}$ entlang einiger ausgezeichneter Richtungen (vergl. Abb. 6.10).
Gestrichelt: E($\vec{k}$) für das Modell freier Elektronen; durchgezogen: be-
rechnete Kurven für Magnesium.

Ist man am Punkt M angekommen, macht man sich auf den Weg in Richtung
des Punktes K (Abb. 6.10). Die Variation von E mit Wellenvektoren $\vec{k}$
entlang dieser Richtung ist in dem Abschnitt zwischen M und K in Abb.
6.11 wiedergegeben. Der Betrag des Wellenvektors entspricht wieder der
Lage auf der Strecke M - K in Abb. 6.11.

Von K aus geht es dann zurück nach Γ. Die Variation der Energie mit
den Wellenvektoren in dieser Richtung ist im Abschnitt K - Γ der Abb.
6.11 gezeigt. Zum Schluß werden noch die Wellenvektoren in Richtung
von Γ nach A betrachtet. Die zugehörenden Elektronenenergien sind im
rechten Teil des Diagramms im Abschnitt Γ - A eingezeichnet.

Wir haben nun das Reziproke Gitter in Richtung der in Abb. 6.10 eingetragenen Pfeile abgeschritten und die dazugehörende Variation von E mit den Wellenvektoren $\vec{k}$ in den betreffenden Richtungen in Abb. 6.11 aufgezeichnet. Jeder der Abschnitte in Abb. 6.11 entspricht also der Variation von E mit $\vec{k}$ entlang einer bestimmten Richtung und ähnelt so der eindimensionalen Betrachtung, die wir im Abschnitt 6.1 durchgeführt hatten. Jeder dieser Abschnitte läßt sich also mit der Auftragung der Elektronenenergien im reduzierten Zonenschema, Abb. 6.7, vergleichen. Bei dem Abschnitt Γ- A wird die Entsprechung besonders klar. An einigen Stellen, zum Beispiel in den Abschnitten Γ - M und K - Γ ist die Aufspaltung in Bandlücken sehr deutlich zu sehen, während sich die gestrichelten Kurven für das freie Elektronengas schneiden.

Der Überlappung unterschiedlicher Energiebänder in der Näherung des fest gebundenen Elektrons entspricht im Diagramm 6.11 die Beobachtung, daß bei Energien, die in einer bestimmten Richtung von $\vec{k}$ in eine Bandlücke fallen, für andere Richtungen erlaubte Zustände vorhanden sind. Auch bei Verschiebung der Fermi-Energie bliebe dieser Körper stets ein Metall, da sich für jede Energie auf irgendeinem Band ein erlaubter Zustand findet.

Ein Diagramm wie in Abb. 6.11, das angibt, wie die Energiebänder für unterschiedliche Richtungen von $\vec{k}$ verlaufen, wird als das Bänderschema oder die Bandstruktur der betreffenden Substanz bezeichnet. Aus diesem Bänderschema wird auch deutlich, daß die Fermi-Fläche für Elektronen in einem Kristallgitter mehr oder weniger von der Kugelform abweicht, die sie im Modell des freien Elektronengases hat.

Die Fermi-Fläche ist ja diejenige Fläche konstanter Energie im k-Raum, die dem höchsten besetzten Energiezustand bei 0 K entspricht. Das Bänderschema zeigt nun, daß zu einer konstanten Energie in den verschiedenen Richtungen im k-Raum durchaus unterschiedliche Beträge der Wellenvektoren $\vec{k}$ gehören. Die Fermi-Fläche ist dann keine Kugel, da sie in verschiedenen Richtungen unterschiedlich weit vom Zentrum der ersten Brillouin-Zone entfernt ist. Es sei nur kurz erwähnt, daß die auf Seite 80 besprochene Messung der Elektronen-Zyklotronresonanz die Form der Fermi-Fläche abtasten kann, so daß deren experimentelle Bestimmung möglich ist.

In Abb. 6.12 links ist die Bandstruktur eines typischen Halbleiters,
hier des Germaniums, gezeigt. Die Darstellung entspricht der Abb. 6.11,
es ist der Verlauf der Elektronenenergie für Wellenvektoren längs ausgezeichneter Richtungen im Reziproken Gitter aufgetragen.

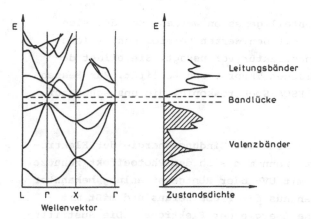

Abb. 6.12. Bänderschema (links) und Zustandsdichte (rechts) des Halbleiters Germanium.

Hier wird deutlich, daß es ein Energieintervall gibt, für das auf keinem Band erlaubte Zustände vorhanden sind. Wir haben eine typische Bandlücke vorliegen. Dabei sind alle Zustände unterhalb der Bandlücke besetzt, alle Zustände oberhalb sind leer. Dieses Bänderschema charakterisiert also kein Metall, sondern einen Halbleiter, da der verbotene
Bereich nicht allzu groß ist. Durch Wärmeenergie können dann einzelne
Elektronen in erlaubte Zustände oberhalb der Bandlücke angehoben werden.

In Abb. 6.12 rechts ist noch der Verlauf einer weiteren wichtigen Grös-
se, der Zustandsdichte eingetragen. Wir hatten diesen Begriff schon
beim freien Elektronengas auf Seite 69 kennengelernt. Er gibt die Anzahl der erlaubten Elektronzustände an, die bei einer gegebenen Energie innerhalb eines kleinen Energieintervalls dE liegen. In Abb. 6.12
rechts geht die Energieskala im gleichen Maßstab wie im Bänderschema
links nach oben, die Anzahl der Zustände pro Energieintervall dE ist
auf der Abszisse aufgetragen.

Die Zustandsdichte hängt mit der Bandstruktur zusammen und ist aus dieser berechenbar. Abbildung 6.12 zeigt zum Beispiel, daß ein waagrechter
Verlauf einiger Bänder zu einem Maximum in der Zustandsdichte führen

kann. Auf der Höhe der Bandlücke ist die Zustandsdichte notwendigerweise null. Auch diese Auftragung macht das Halbleiterverhalten des Germaniums deutlich: alle Zustände unterhalb der Bandlücke (schraffierte Flächen) sind besetzt, alle darüberliegenden sind leer.

Die Zustandsdichte kann experimentell gemessen werden. So läßt sich die Übereinstimmung der Meßdaten mit den Werten vergleichen, welche die theoretisch berechenbare Bandstruktur voraussagt. Sie bildet damit ein wichtiges Bindeglied zwischen Theorie und Realität. Zum Messen dient die Photoelektronen- oder ESCA-Spektroskopie, die uns schon auf Seite 87 begegnet war.

Dort hatten wir festgestellt, daß sich die Bindungsenergie der Elektronen im Festkörper bestimmen läßt, wenn man sich den Photoeffekt zunutze macht. Man bestrahlt den Körper mit UV- oder Röntgenstrahlung bekannter Energie, schlägt damit Elektronen aus der Probe heraus und mißt mit einem Spektrometer die kinetische Energie der Elektronen. Die Austrittsarbeit für das betreffende Elektron ist dann gerade die Differenz zwischen eingestrahlter Energie und kinetischer Energie der Elektronen.

Je größer nun die Zustandsdichte bei einer bestimmten Energie, desto mehr Photoelektronen mit der entsprechenden Austrittsarbeit wird man beobachten. Die Anzahl der bei einer bestimmten kinetischen Energie gemessenen Photoelektronen ist also der Anzahl der Elektronen in den zugehörenden Energiezuständen direkt proportional. In Abb. 6.13 ist schematisch gezeigt, wie ein solches Photoelektronenspektrum aussehen kann.

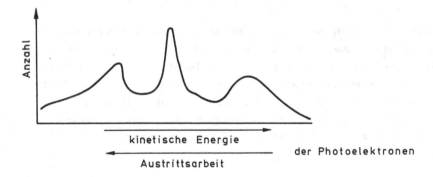

Abb. 6.13. Photoelektronenspektrum.

Mittelwerte der 4 Gruppen (1. Aufnahme) auf den Diskriminanzfaktoren

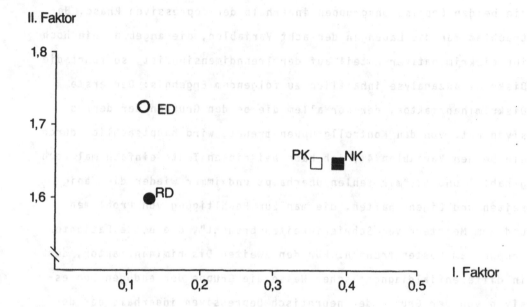

Aus der Abbildung wird deutlich, daß die Mittelwerte, die einen
Indikator des Attributionsstiles der definierten Subgruppen darstellen, bei den beiden Kontrollgruppen recht nahe beieinanderliegen
und deutlich abgesetzt und signifikant getrennt sind von den Attribu-
tionsmustern der beiden Gruppen Depressiver. Hierbei trennt der
erste Diskriminanzfaktor die depressiven Patienten- von den Kontrollgruppen. Der zweite Faktor diskriminiert statistisch bedeutsam
die beiden Depressionsgruppen innerhalb der depressiven Phase. Betrachtet man die Ladungen der acht Variablen, die angeben, wie hoch
ihr diskriminativer Anteil auf der Trenndimension ist, so führt die
Diskriminanzanalyse inhaltlich zu folgendem Ergebnis: Der erste
Diskriminanzfaktor, der vor allem die beiden Gruppen der depressiven Pat. von den Kontrollgruppen trennt, wird hauptsächlich durch
die beiden Variablen 4 ("ich habe bei diesen Tests einfach mal Pech
gehabt") und 5 ("mir fehlen überhaupt und immer wieder die Fähig-
keiten und Eigenschaften, die man zur Bewältigung von Problemen
und zum Meistern von Schwierigkeiten braucht", die beide Patienten-
gruppen am besten trennen. Für den zweiten Diskriminanzfaktor, der
in differentialdiagnostischer Weise die Gruppe der endogen Depressiven von der Gruppe der neurotisch Depressiven innerhalb der depressiven Phase trennt, ist die Variable 3 derart bedeutsam, daß
neurotisch depressive Pat. im Vergleich mit den endogenen Depressiven in weit stärkerem Maße ihren Mißerfolg in der Tatsache be-
gründet sehen, daß sie sich gerade bei dieser Testaufgabe nicht kon-
zentrieren konnten und müde waren. Die Ladungen der Variablen auf
den beiden Diskriminanzfaktoren sind in der nachfolgenden Tabelle 22
dargestellt.

Tabelle 22:   Ladung der Variablen auf den beiden Diskriminanz-
               faktoren der ersten Diskriminanzanalyse

		I.	II.
1.	ISS	.8900	.0814-
2.	ESS	.8496-	.0342-
3.	ISL	.4261	.5036-
4.	ESL	.9530-	.1674
5.	IGS	.9586	.1985-
6.	EGS	.7733-	.0932-
7.	IGL	.7067	.3260
8.	EGL	.8773-	.1879

4.4.   Ergebnisse der multidimensionalen Individualskalierung
            der Attributionsmuster zum Zeitpunkt der zweiten Daten-
            aufnahme

Die Analyse der Paarvergleichsmatrizen zum Zeitpunkt der zweiten
Datenaufnahme nach klinischer Remission der Symptome mit dem Indi-
vidualskalierungsmodell zeigt sowohl im eindimensionalen wie im mehr-
dimensionalen Fall eine sehr gute Anpassung des Modells an alle Vpn.
Auch der Gesamt-Chi^2-Test zeigt für die Daten der zweiten Aufnahme
eine überaus gute Anpassung des Gesamtmodells an die Daten (Chi^2 =
113,141 bei 504 Freiheitsgraden, Alpha = 1,00). In der folgenden
Tabelle 24 sind die Koordinaten für die Reize und die Idealpunkte
der Vpn für die zweite Datenaufnahme aufgeführt.

Tabelle 23:   Darstellung der Eigenwerte der ECKART-YOUNG-roots
               für die zweite MDS-Lösung

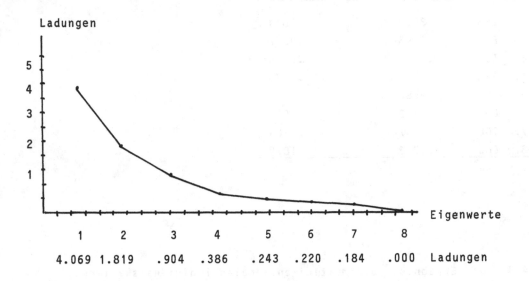

Abbildung 18 zeigt eine ähnliche Konfiguration der Reize im dreidimensionalen Raum wie bei der ersten Datenaufnahme. Auch hier
ergibt die Berechnung der ECKART-YOUNG-roots der Skalarprodukt-
matrix eine dreidimensionale Lösung.

Die technische Bedeutung der Halbleiter muß kaum betont werden. Durch
ihren Einsatz in elektronischen Geräten verändern sie die Welt sicher
ebenso, wie es die Dampfmaschine tat.

7 Supraleitung

In Abb. 5.10 war der typische Verlauf des elektrischen Widerstandes R
eines Metalles als Funktion der Temperatur gezeigt: Der Widerstand
nimmt mit fallender Temperatur ab, um schließlich bei tiefen Temperaturen gegen einen Sättigungswert zu gehen. Bei vielen Metallen und besonders Legierungen findet man nun einen wesentlich anderen Verlauf
(Abb. 7.1).

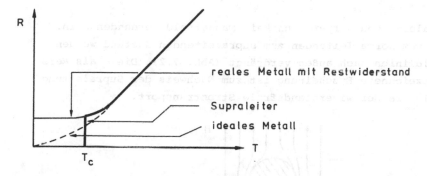

Abb. 7.1. Elektrischer Widerstand R als Funktion der Temperatur bei
einem normalen Metall und bei einem Supraleiter.

Der Widerstand nimmt zunächst mit fallender Temperatur wie gewöhnlich
ab, um bei einer sehr tiefen Temperatur plötzlich völlig zu verschwinden. In der Regel liegt diese Sprungtemperatur T_c nur wenige Grad über
dem absoluten Nullpunkt. (Diese Erscheinung wurde erstmals 1911 von
Kamerlingh Onnes in Leiden beobachtet, als er die Leitfähigkeit von
Quecksilber bei tiefer Temperatur untersuchte. Drei Jahre zuvor war
es ihm gelungen, Helium zu verflüssigen und damit solch tiefe Temperaturen überhaupt erst zugänglich zu machen.)

Der Übergang vom normalleitenden zum supraleitenden Zustand ist ein
ähnlicher Phasenübergang wie das kristalline Erstarren einer Schmelze.
Es ist gerechtfertigt, vom supraleitenden Zustand als von einem weiteren Aggregatzustand der Materie zu sprechen. Er ist vor allem durch
zwei Merkmale gekennzeichnet:

1) Der elektrische Widerstand ist praktisch null. In einem geschlosse-
nen Leiter einmal induzierte Ströme fließen jahrelang ohne merkliche
Abschwächung weiter. (Dies ist natürlich kein perpetuum mobile, denn
wenn man den Strom eine Arbeit leisten ließe, würde er verschwinden.)

2) Supraleiter sind perfekte Diamagneten, in ihnen kann kein Magnetfeld existieren. Dies wollen wir gleich ein wenig näher betrachten:

7.1 Der Meissner-Effekt

In einem supraleitenden Körper kann kein Magnetfeld vorhanden sein.
Beim Übergang vom normalleitenden zum supraleitenden Zustand werden
alle Magnetfeldlinien nach außen verdrängt (Abb. 7.2). Diese als Meissner-Effekt bezeichnete Erscheinung ist zum Nachweis der Supraleitung
genauso wichtig wie der widerstandsfreie Stromtransport.

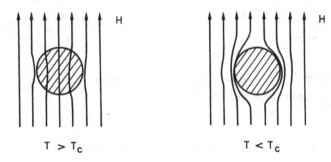

Abb. 7.2. Der Meissner-Effekt.

Eine kleine Einschränkung muß dabei jedoch gemacht werden: In eine dünne Oberflächenschicht dringt das Magnetfeld doch ein, fällt im Innern
des Körpers aber exponentiell ab (Abb. 7.3). Man bezeichnet die Tiefe,
in der das Magnetfeld auf einen Bruchteil 1/e seiner äußeren Stärke H
abgefallen ist, als Londonsche Eindringtiefe. Sie liegt üblicherweise
in der Größenordnung 10^{-5} cm.

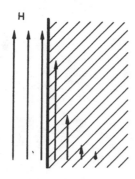

Abb. 7.3. Eindringtiefe eines äußeren Magnetfeldes in einen Supraleiter (schraffierter Bereich).

Supraleitung und Magnetfeld "vertragen" einander nicht. So kann man in
einer Art Umkehrung des Meissner-Effektes die Supraleitung zerstören,
wenn man das Magnetfeld nur stark genug macht. Bei einer kritischen
Magnetfeldstärke können die Feldlinien nicht mehr nach außen abgedrängt werden, und die Supraleitung bricht zusammen. Die dafür notwendige Feldstärke H_c hängt von der Temperatur ab: Je tiefer die Temperatur unterhalb der Sprungtemperatur liegt, desto höher ist der Wert von
H_c, den der Supraleiter verkraften kann.

Dies kann man auch umgekehrt betrachten: Je stärker das Magnetfeld,
desto tiefer sinkt die Sprungtemperatur für die Supraleitung. Als kritische Temperatur T_c bezeichnet man genauer diejenige Temperatur, bei
der in Abwesenheit eines Magnetfeldes Supraleitung eintritt. Einen Eindruck von der wechselseitigen Abhängigkeit von Sprungtemperatur und
Magnetfeldstärke vermittelt Abb. 7.4. Für einige Metalle ist hier die
kritische Magnetfeldstärke H_c als Funktion der Temperatur eingetragen.
Dabei liegt links unterhalb der Kurven Supraleitung vor, rechts oberhalb Normalleitung.

Diese Betrachtung liefert auch ein Kriterium für die Voraussage, welche
Metalle oder Legierungen überhaupt supraleitend werden können: sicherlich nicht die ferromagnetischen Metalle Eisen, Cobalt und Nickel. Ferromagnetismus hängt ja mit starken inneren Magnetfeldern in den Weißschen Bezirken zusammen.

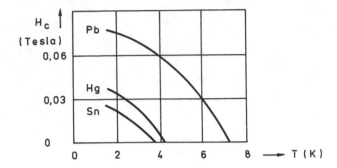

Abb. 7.4. Temperaturabhängigkeit der kritischen Magnetfeldstärke H_c für drei Metalle.

Dies ist allerdings nicht das einzige Kriterium, da es auch sonst "weisse Flecken" im Periodensystem gibt, also Bereiche von Elementen, bei denen sich keine Supraleitung einstellt. Dies gilt zum Beispiel für die Alkali- und Erdalkalimetalle (wobei allerdings Caesium und Barium unter Druck supraleitend werden können). Weiterhin werden ausgerechnet die besten elektrischen Leiter Kupfer, Silber und Gold nicht supraleitend (eine Erklärung für dieses scheinbar paradoxe Verhalten werden wir noch kennenlernen). Auch die links anschließenden Übergangsmetalle im Periodensystem zeigen keine Supraleitung: Rhodium, Palladium und Platin machen nicht mit, auch nicht Chrom und Mangan. Dies gilt ebenso für die Metalle der Seltenen Erden, außer dem Lanthan selbst.

Oder um es positiv zu formulieren: Supraleitung findet man im Periodensystem in zwei Bereichen: einmal bei den frühen Nebengruppenelementen, und da reicht sie dann umso weiter nach rechts, je tiefer man kommt (Beispiele in chemischer Kurzform: Ti, Zr; V, Nb, Ta; Mo, W; Tc, Re; Ru, Os; Ir). Der zweite Bereich umfaßt die Gruppe des Zinks, Aluminium und die darunter stehenden Elemente, sowie Zinn und Blei. Diese Aussagen gelten allerdings nur für normalen Druck und für kompakte Metallstücke. Bei hohen Drucken oder in Form dünner Filme werden noch mehr Metalle supraleitend.

Supraleitung findet sich schließlich bei vielen Legierungen und Verbindungen. Selbst bei einem metallfreien anorganischen Polymeren, dem

Poly(schwefelnitrid), sowie bei einigen organischen Verbindungen wurde
in jüngerer Zeit Supraleitung nachgewiesen. Auf solche Exoten werden
wir im folgenden Kapitel über "Eindimensionale Leiter" noch eingehen.

Zusammenfassend läßt sich sagen, daß inzwischen viele Supraleiter hergestellt wurden. Die höchsten bisher gefundenen Sprungtemperaturen liegen knapp oberhalb 20 K (23 K bei Nb_3Ge). Man scheint sich hier einer
prinzipiellen Obergrenze zu nähern, die wir noch diskutieren werden.

Wir wollen nun, nach diesem kurzen Abschweifen, nochmal auf das Wechselspiel zwischen Magnetfeldern und Supraleitung zurückkommen, da die
Dinge doch etwas komplizierter sind als bisher dargestellt.

7.2 Harte und weiche Supraleiter

Wir betrachten das Verhalten gegenüber einem Magnetfeld einmal von der
Seite des Supraleiters aus. Bei nicht zu starken Magnetfeldern bleibt
der Körper supraleitend, und die Feldlinien können in ihn nicht eindringen (von dem erwähnten Oberflächeneffekt abgesehen, der uns hier
nicht interessiert).

Vom Standpunkt des Supraleiters heißt dies, daß sich in ihm eine Magnetisierung -M aufbaut, die genau so groß ist wie die Magnetisierung +M
außen, und dieser entgegengerichtet. Das Resultat ist eben: kein Magnetfeld im Innern. Bei der kritischen Feldstärke bricht diese entgegen-
gerichtete Magnetisierung zusammen, das äußere Magnetfeld dringt in
den Körper ein, und mit der Supraleitung ist es aus. Dieses Verhalten
ist im linken Diagramm der Abb. 7.5 gezeigt. Bei einem solchen Magne-
tisierungsverlauf spricht man von einem weichen Supraleiter oder Supraleiter vom Typ I. Der Ausdruck "weich" kommt daher, daß die Werte für
die kritische Magnetfeldstärke relativ niedrig liegen. Es genügt also
schon eine recht geringe Feldstärke, um die Supraleitung zu unterbin-
den.

Dies ist besonders dann unangenehm, wenn man den Supraleiter für einen
praktischen Zweck verwenden will, etwa als Spule für einen supraleitenden Magneten. Denn die im Supraleiter fließenden Ströme bauen, wie es
ein elektrischer Strom so an sich hat, ein eigenes Magnetfeld auf. Die
Stärke dieses Magnetfeldes darf nun die kritische Magnetfeldstärke

nicht überschreiten, so daß man nur bescheidene Stromstärken zulassen kann. Die Grenze liegt dabei so tief, daß man weiche Supraleiter für praktische Anwendungen als Magnetspule nicht gebrauchen kann.

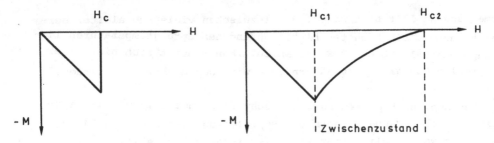

Abb. 7.5. Magnetisierung als Funktion des Magnetfeldes. Links: weicher Supraleiter; rechts: harter Supraleiter.

Anders ist dies bei den harten Supraleitern (oder Supraleitern vom Typ II), deren Magnetisierungsverhalten etwas komplizierter ist (Abb. 7.5 rechts). Bei sehr kleinen Magnetfeldern verhalten sie sich wie die bisher besprochenen normalen Supraleiter. Sie zeigen vollständigen Meissner-Effekt, schließen also die Feldlinien durch entsprechende Gegenmagnetisierung völlig aus. Jedenfalls bis zu einer Grenzfeldstärke H_{c1}, dann beginnt das Magnetfeld einzudringen.

Im Gegensatz zum Supraleiter vom Typ I geht dies aber nicht schlagartig und vollständig, sondern der Körper wehrt sich gegen das Eindringen des Magnetfeldes und hält seine Gegenmagnetisierung teilweise aufrecht. Er zeigt also nun einen unvollständigen Meissner-Effekt. Je stärker das äußere Feld, desto mehr überwindet es die Gegenmagnetisierung, und bei einer zweiten Grenzfeldstärke H_{c2} ist das Feld schließlich völlig eingedrungen. Dann erst ist es mit der Supraleitung aus, und der Körper ist zum Normalleiter geworden. Zwischen diesen beiden Grenzfeldstärken H_{c1} und H_{c2} befindet er sich in einem Zwischenzustand.

In diesem Zwischenzustand ist der Meissner-Effekt zwar nicht mehr vollständig, für den elektrischen Strom ist der Körper aber nach wie vor ein Supraleiter und zeigt widerstandsfreien Stromtransport. Im Vergleich zur kritischen Magnetfeldstärke eines weichen Supraleiters liegt H_{c2} des harten Supraleiters relativ hoch. Durch einen solchen Supra-

leiter kann man daher wesentlich stärkere Ströme schicken, ehe die
zweite Grenzfeldstärke erreicht ist und die Supraleitung zusammenbricht.
Daher der Name "harter Supraleiter".

Wie hat man sich nun diesen seltsamen Zwischenzustand zwischen H_{c1} und
H_{c2} vorzustellen? Es ist keineswegs so, wie man zunächst annehmen könnte, daß dann im Supraleiter ein schwaches homogenes Magnetfeld vorhanden ist. Das darf nicht sein, Magnetfelder und Supraleitung haben etwas gegeneinander.

Vielmehr verändert in diesem Bereich der Leiter seine Eigenschaften
schrittweise: Er gliedert sich in normalleitende und supraleitende Bereiche. Aus den supraleitenden Gebieten ist das Magnetfeld völlig verdrängt, in den normalleitenden ist es vorhanden. Nach außen hin sieht
es dann so aus, als sei das Feld teilweise eingedrungen. Ist es ja auch,
aber "teilweise" ist so zu verstehen, daß es in bestimmte Teile völlig
eingedrungen ist und aus anderen Bereichen völlig verdrängt bleibt.
Der Verlauf der Magnetisierungskurve in Abb. 7.5 zwischen H_{c1} und H_{c2}
ergibt sich dann daraus, daß die Ausdehnung der normalleitenden Bereiche auf Kosten der supraleitenden zunimmt.

In diesem Zwischenzustand haben die supraleitenden und die normalleitenden Bereiche durchaus makroskopische Dimensionen. Ihre Abfolge im
Körper ist oft recht regelmäßig, so daß sich ein geordnetes Muster ergibt (Abb. 7.6).

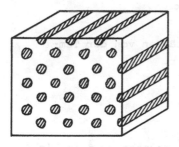

Abb. 7.6. Normalleitende (schraffiert) und supraleitende Bereiche
(hell) im Zwischenzustand.

Dieses Muster kann man zum Beispiel dadurch sichtbar machen, daß man
die Oberfläche des Körpers mit Eisenfeilspänen bestreut. Diese häufen
sich dann an den Stellen an, an denen die Magnetfeldlinien aus den normalleitenden Bereichen nach außen stoßen.

Der Unterschied zwischen weichen und harten Supraleitern wird auch deutlich, wenn man in einem Diagramm der Art der Abb. 7.4 die Grenzfeldstärke des äußeren Magnetfeldes als Funktion der Temperatur einträgt
(Abb. 7.7). Beim weichen Supraleiter gibt es zu jeder Temperatur T_k <
T_c genau eine kritische Magnetfeldstärke, bei der die Supraleitung verschwindet. Beim harten Supraleiter sind es zwei kritische Magnetfeldstärken, H_{c1} und H_{c2}, wobei unterhalb H_{c1} der normal supraleitende Zustand, zwischen H_{c1} und H_{c2} der Zwischenzustand vorliegt. Die Abbildung macht deutlich, daß H_{c1} und H_{c2} umso weiter auseinanderliegen, je
tiefer die Temperatur ist. Bei der Temperatur T_c, die ja als Sprungtemperatur bei Abwesenheit eines Magnetfeldes definiert ist, müssen lo-
gischerweise beide kritische Feldstärken null werden.

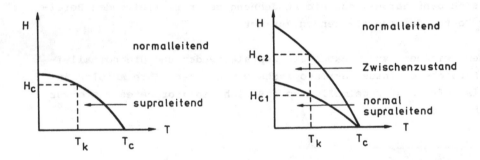

Abb. 7.7. Abhängigkeit der kritischen Magnetfeldstärken von der Temperatur. Links: weicher; rechts: harter Supraleiter.

7.3 Die Theorie der Supraleitung

Obwohl die Supraleitung schon 1911 entdeckt wurde, dauerte es doch bis
1957, bis eine einigermaßen geschlossene Theorie dafür aufgestellt wurde. Entwickelt haben diese Theorie Bardeen, Cooper und Shrieffer. Sie
ist unter dem Namen BCS-Theorie bekannt und heute allgemein akzeptiert.

Wir wollen zunächst die experimentellen Befunde zusammenfassen, deren
Erklärung eine gute Theorie der Supraleitung liefern muß. Einige davon
hatten wir schon genannt:

1) Supraleitung tritt nur bei sehr tiefen Temperaturen auf. Offenbar
dürfen also im supraleitenden Zustand die Atome nur geringe thermische
Schwingungen ausführen.

2) Hohe Magnetfelder zerstören die Supraleitung.

3) Im supraleitenden Zustand zeigt der Festkörper einen höheren Ordnungsgrad als im normalleitenden Zustand bei gleicher Temperatur. Quantitativ wird der Ordnungsgrad eines Körpers durch die Angabe seiner
Entropie beschrieben: je größer die Unordnung, desto größer die Entropie. (Die Entropie eines Körpers kann quantitativ bestimmt werden.)
Abb. 7.8 zeigt den Vergleich des Entropieverlaufs als Funktion der Temperatur im supraleitenden und im normalleitenden Zustand.

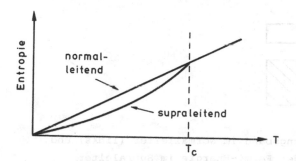

Abb. 7.8. Entropie als Funktion der Temperatur im normalleitenden und
im supraleitenden Zustand.

Es ist ganz normal, daß die Entropie eines Körpers mit fallender Temperatur abnimmt: Niedrige Temperatur bedeutet ja weniger Schwingungen
im Gitter, und ein ruhigeres Gitter ist auch ein geordneteres Gitter.
Im Idealfall geht die Entropie am absoluten Temperaturnullpunkt gegen
null. Der in Abb. 7.8 gezeigte Vergleich zwischen supraleitendem und
normalleitendem Zustand beruht auf experimentellen Daten. Es ist ja
kein Problem, die Supraleitung auch unterhalb T_c zu verhindern. Wie
man das macht? - Mit einem Magnetfeld natürlich! Also nochmal: der supraleitende Zustand ist stärker geordnet als der normalleitende.

4) Der supraleitende Zustand hat etwas mit Elektronenpaaren zu tun.
Dies geht aus Messungen des Magnetfeldes hervor, das sehr kleine supraleitende Ringe erzeugen. Hierzu "friert" man ein Magnetfeld gewissermaßen ein, indem man den Ring in einem äußeren Magnetfeld unter die
Sprungtemperatur abkühlt und dann das Magnetfeld abschaltet. Durch die
beim Abschalten erfolgte Änderung des magnetischen Flusses wird in dem
Ring ein Suprastrom induziert. Dieser erzeugt nun seinerseits ein Magnetfeld, dessen Stärke man messen kann. Dabei findet man, daß der magnetische Fluß durch die Ringebene immer ein ganzzahliges Vielfaches
eines magnetischen "Flußquantes" beträgt. Aus der Größe des Flußquantes
geht hervor, daß der Strom nicht von Einzelelektronen, sondern von Elektronenpaaren transportiert wird.

5) Im Leitungsband eines Supraleiters tritt normalerweise eine Energielücke bei der Fermi-Energie auf (Abb. 7.9). Diese ist experimentell zum
Beispiel dadurch festzustellen, daß über diese Energielücke thermisch
angeregte Elektronen zur Wärmekapazität des Festkörpers beitragen.

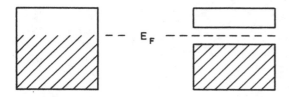

Abb. 7.9. Partiell gefülltes Leitungsband im Normalleiter (links) und
Auftreten einer Energielücke bei der Fermi-Energie im Supraleiter
(rechts).

Auch andere Experimente belegen diese Energielücke eindeutig. Diese
Lücke ist von den Bandlücken, die wir bisher besprochen haben, völlig
verschieden. Diese waren ja eine Folge der Gitterstruktur; wo die Fermi-Energie lag, war völlig gleichgültig. Die Energielücke des Supraleiters erscheint jedoch stets auf der Höhe der Fermi-Energie, die für
verschiedene Materialien unterschiedlich groß ist. Sie ist also eine
Eigenschaft des Elektronensystems. (In einigen Spezialfällen tritt Supraleitung auch ohne diese Energielücke ein. Dies ist jedoch eine große
Ausnahme, die wir bei unseren prinzipiellen Erörterungen nicht weiter
beachten wollen.)

6) Verunreinigungen, die bei einem Normalleiter einen Restwiderstand
bewirken, stören bei der Supraleitung nicht.

7) Die Sprungtemperatur zeigt einen Isotopieeffekt. Mißt man die Sprungtemperatur in Metallen, in denen die Atome chemisch identisch sind,
aber unterschiedliche Atommassen haben (Isotope), so stellt man fest,
daß die Sprungtemperatur umso tiefer liegt, je größer die Masse M der
Atome ist. Der Zusammenhang lautet

$$T_c \sim \sqrt{\frac{1}{M}}$$

Alle diese Beobachtungen können durch die BCS-Theorie erklärt werden.
Der Kernpunkt der Theorie ist die Annahme einer anziehenden Wechselwirkung zwischen jeweils zwei Elektronen, wodurch die Gesamtenergie
des Elektronensystems abgesenkt wird. (Dadurch entsteht auch die Energielücke.)

Diese anziehende Wechselwirkung zwischen Elektronen muß natürlich näher erläutert werden: Betrachten wir uns ein Elektron, das sich durch
ein Gitter positiv geladener Atomrümpfe bewegt (Abb. 7.10). Durch die
elektrostatische Anziehung erfahren die positiven Ionen in der Nähe
des Elektrons ein Kraft auf dieses zu. Sie werden also in Richtung des
Elektrons beschleunigt. Nun haben die Atomrümpfe im Vergleich zu Elektronen eine große träge Masse, so daß sie nur zögernd der anziehenden
Kraft nachgeben. Bis sich daher die positiven Gitterbausteine in Richtung des Elektrons in Bewegung gesetzt haben, ist dieses schon ein
Stück weitergewandert (oberes Elektron in Abb. 7.10).

Die Auslenkung der positiven Atomrümpfe (ausgefüllte Kreise) aus ihrer
Ruhelage (gestrichelte Kreise) hinkt daher dem Elektron hinterher. Das
Elektron hinterläßt also eine Spur im Gitter, auf der die positiven
Ladungen enger zusammenkommen als im Durchschnitt. Durch diese Polari-
sation entsteht im Gitter ein Gebiet größerer positiver Ladungsdichte.

Ein zweites Elektron (unteres Elektron in Abb. 7.10) wird in dieses
Gebiet vergrößerter positiver Ladungsdichte durch die elektrostatischen Anziehungskräfte hineingezogen. Es richtet sich dann in seinen
Bewegungen nach denen des vorauslaufenden Elektrons und ist mit diesem
gekoppelt.

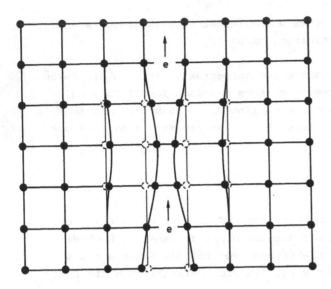

Abb. 7.10. Kopplung zweier Elektronen durch eine Gitterverzerrung.

Die Gitterverzerrung, die das erste Elektron auslöst, bewirkt eine koppelnde Kraft zwischen den beiden Elektronen, die als Anziehung erscheint. Die beiden hierdurch gekoppelten Elektronen können sich nicht mehr unabhängig voneinander durch das Gitter bewegen, sondern sie "hängen aneinander". Sie bilden sozusagen ein neues Teilchen, das als Cooper-Paar bezeichnet wird.

Soweit ist das ja wohl ganz anschaulich, aber leider zu einfach dargestellt. Die Wechselwirkung zwischen den beiden Partnern eines Cooper-Paares ist nämlich weitreichender: Sie hängen räumlich gar nicht so sehr aufeinander, wie es die Abb. 7.10 vorspiegelt. Vielmehr darf, im Vergleich zu den Atomabständen, eine riesige Entfernung zwischen ihnen liegen: 10^3 bis 10^4 Atomabstände!

Denn was das erste Elektron auslöst, ist ja nicht einfach eine Verzerrung des Gitters, sondern die ausgelenkten Atomrümpfe schwingen ja bei der Rückbewegung über ihre Gleichgewichtslage hinaus, so daß eine Gitterschwingung, ein Phonon, entsteht. Diese Gitterschwingung setzt sich in einem räumlich ausgedehnten Bereich fort und erfaßt das zweite Elektron, obwohl es sich weit von dem ersten entfernt befindet. Die Kopplung der beiden Elektronen zu einem Cooper-Paar wird also über eine

Gitterschwingung, ein Phonon, vermittelt. Diese Elektron-Phonon-Kopplung ist der Kernpunkt der BCS-Theorie.

Die Quantentheorie macht über diese Cooper-Paare noch weitere Aussagen,
die wir hier nur zur Kenntnis nehmen können: Cooper-Paare bilden sich
stets aus Elektronen mit entgegengesetztem Spin. Daher verhält sich
das Cooper-Paar wie ein spinloses Quasiteilchen. Dies hat die bedeut-
same Konsequenz, daß für die Cooper-Paare untereinander das Pauli-Ver-
bot nicht gilt, denn dieses ist nur für Teilchen mit Spin gedacht.
Cooper-Paare dürfen also alle den gleichen Quantenzustand einnehmen,
was einzelnen Elektronen bekanntermaßen streng verboten ist. Den Cooper-Paaren ist es also erlaubt, sich alle mit gleicher Geschwindigkeit
in die gleiche Richtung zu bewegen. Und schon ist der Suprastrom da!

In Wellenvektoren gedacht bedeutet Cooper-Paarbildung folgendes: Wenn
das eine Elektron einen Wellenvektor $\vec{k}$ hat, dann hat sein Partner exakt
den Wellenvektor $-\vec{k}$. Dies ist eine wichtige Korrektur an dem in Abb.
7.10 so schön anschaulich vermittelten Bild: Die beiden Elektronen laufen in Wirklichkeit gar nicht hintereinander her, sondern sie schwingen
aufeinander zu und voneinander weg, immer $\vec{k}$ und $-\vec{k}$. Durch das Phonon
werden sie zusammengehalten. Die Bewegung des Cooper-Paares als ganzes
wird durch die Bewegung des gemeinsamen Schwerpunktes der beiden Elektronen beschrieben: im stromlosen Zustand ist er in Ruhe, beim Stromtransport verschiebt er sich.

Mit dieser Idee der anziehenden Wechselwirkung zwischen zwei Elektronen,
vermittelt über eine Gitterschwingung, lassen sich nun die experimentellen Befunde zur Supraleitung wunderschön erklären. Tun wir dies in der
Reihenfolge, in der wir sie ab Seite 119 aufgezählt haben:

1) Tiefe Temperatur: Starke Eigenschwingungen des Gitters bei erhöhten
Temperaturen arbeiten der in Abb. 7.10 angedeuteten Gitterpolarisation
entgegen. Das die Wechselwirkung vermittelnde Phonon kommt nicht zustande

2) Zerstörende Wirkung von Magnetfeldern: das Magnetfeld will die Elektronenspins ausrichten. Im Cooper-Paar müssen die Spins der Elektronen
aber entgegengesetzte Richtung haben. Magnetfelder zerreißen daher die
Cooper-Paare.

3) Erhöhung des Ordnungsgrades: Kein Problem, denn erstens bedeuten zwei Elektronen, die etwas Gemeinsames tun, eine größere Ordnung, als wenn sie voneinander unabhängig wären. Und zweitens stellt das konzertierte Verhalten aller Cooper-Paare beim Stromtransport auch eine Ordnung dar.

4) Die Quantelung des magnetischen Flusses, die in ihren Beträgen auf Stromtransport durch Elektronenpaare hinweist, erklärt sich von selbst: Cooper-Paare! (In diesem Punkt war sogar die Theorie vor dem Experiment: Die BCS-Theorie sagt die entsprechende Quantelung des magnetischen Flusses voraus, die erst später experimentell nachgewiesen wurde.)

5) Energielücke im Leitungsband auf der Höhe der Fermi-Energie: Ja sicher, die Bildung eines Cooper-Paares ist für zwei Elektronen energetisch günstiger als unabhängiges Verhalten. Die Energie der besetzten Elektronenzustände senkt sich daher ab. Wird die Kopplung in einem Cooper-Paar wirklich einmal aufgehoben, etwa durch Stoß mit einer Verunreinigung, so ist dies für beide Elektronen energetisch ungünstig. Sie müssen dann Energiezustände oberhalb der Energielücke einnehmen, stabilisieren das System jedoch wieder durch die Rückbildung eines Cooper-Paares. Dies ist mit eine Erklärung zu Punkt 6), dem fehlenden Einfluß von Verunreinigungen auf die Supraleitung.

6) Kein merklicher Einfluß von Verunreinigungen: Ein Argument hatten wir schon unter 5) angedeutet. Ein anderes wird durch ein qualitatives Bild vermittelt: Supraleitung ist ein Phänomen, an dem sehr viele Cooper-Paare beteiligt sind, die sich alle im gleichen Quantenzustand hinsichtlich der Bewegung ihrer Schwerpunkte befinden. Eine Verunreinigung kann diesen Quantenzustand nicht für alle Cooper-Paare gleichzeitig ändern. Ähnlich wird das Strömen eines Flusses nicht dadurch merklich behindert, daß auf seinem Grund ein Stein liegt.

7) Der beobachtete Isotopieeffekt: Die Cooper-Paarbildung wird ja über eine Gitterschwingung vermittelt. Es ist nun umso schwerer, diese Schwingung zu erzeugen, je größer die Masse der schwingenden Teilchen ist.

Dieser Zusammenhang setzt auch eine theoretische Obergrenze für die erzielbaren Sprungtemperaturen, die bei etwa 40 K angesiedelt sein dürfte. (Auf Überlegungen, diese Grenze durch einen anderen Mechanismus für die Supraleitung zu umgehen, kommen wir noch zu sprechen.)

Die Atommasse kann nicht das einzige Kriterium sein, das die Sprungtemperatur bestimmt. Denn dann müßte diese ja mit zunehmender Masse
von Element zu Element abnehmen, was offensichtlich nicht der Fall ist.
Ein zweites wichtiges Kriterium ist die Zustandsdichte der Elektronen
am Fermi-Niveau: je größer die Zustandsdichte, desto höher die Sprungtemperatur.

Dies ist nicht erstaunlich, da sich die Energieabsenkung, die mit der
Bildung von Cooper-Paaren verknüpft ist, an der Fermi-Energie abspielt.
Je mehr Elektronen dort angesiedelt sind, desto größer ist der Energie-
gewinn und desto leichter ist der supraleitende Zustand zu erreichen.
Wie wir schon erwähnt haben, läßt sich die Zustandsdichte aus der Band-
struktur herleiten. Damit wird eine theoretische Hilfestellung auf der
Suche nach Supraleitern mit hoher Sprungtemperatur geliefert.

Mit der Theorie der Bildung von Cooper-Paaren, die über eine Elektron-
Phonon-Kopplung läuft, wird auch eine Erklärung für ein zuvor erwähn-
tes Paradoxon geliefert: daß ausgerechnet die guten elektrischen Leiter
keine Supraleiter werden. Gute elektrische Leitfähigkeit beim normalen
Leiter heißt ja, daß die Elektronen möglichst wenig von den Gitterschwingungen behindert werden. Die Möglichkeit der Phononen, die Elektronen zu beeinflussen, muß also klein sein (man spricht dann von einer
kleinen Elektron-Phonon-Kopplungskonstanten). Für die Entstehung von
Cooper-Paaren bei tiefer Temperatur ist aber eine deutliche Elektron-
Phonon-Kopplung wichtig. Gute Kandidaten für hohe Sprungtemperaturen
sind also gerade die im normalen Zustand relativ schlecht leitenden
Metalle und Legierungen.

7.4 Eine Theorie für Hochtemperatur-Supraleitung

Die für Supraleitung notwendigen tiefen Temperaturen stellen für deren
praktische Anwendung ein großes Hindernis dar. Die Kühlung mit flüssi-
gem Helium ist aufwendig und teuer und steht einer verbreiteten Anwendung in der Technik im Wege. So ist heute die Verwendung supraleiten-
der Materialien weitgehend auf Forschungszwecke beschränkt.

Wichtigstes Anwendungsgebiet sind hierbei supraleitende Magnetspulen,
mit denen man hohe Magnetfeldstärken erzeugen kann. (Natürlich muß man
hierzu Supraleiter konstruieren, die selbst gegen starke Magnetfelder

resistent sind - ein Forschungsgebiet für sich.) Solche Magnete finden
vor allem in Teilchenbeschleunigern für die Elementarteilchenforschung
Verwendung. Auch bei den Versuchen zum Bau eines Kernfusionsreaktors
spielen sie eine zentrale Rolle. In der Computerforschung wird mit
supraleitenden Schaltelementen experimentiert, die höhere Rechenge-
schwindigkeiten und Speicherkapazitäten ermöglichen.

Man kann sich noch eine Reihe weiterer Anwendungsmöglichkeiten für Supraleiter vorstellen, etwa supraleitende Wicklungen in Generatoren
und Elektromotoren oder auch verlustfreier Energietransport. Hier lohnt
sich ihr Einsatz jedoch kaum, solange das Kühlproblem existiert. Allein
schon eine Erhöhung der Sprungtemperatur auf 80 K würde einen gewalti-
gen Fortschritt darstellen, da dann mit dem billigen flüssigen Stick-
stoff gekühlt werden könnte. Sprungtemperaturen oberhalb Zimmertemperatur wären natürlich ganz toll!

Dazu muß aber ein von der Elektron-Phonon-Kopplung unabhängiger Mechanismus für die Supraleitung gefunden werden, da die Massenabhängigkeit
der Gitterschwingungen die Sprungtemperatur begrenzt. Ein theoretischer
Ansatz zur Umgehung dieser Grenze wurde 1964 von W. A. Little aufgestellt.

Der Kernpunkt ist dabei ganz einfach: Wenn die Atommassen des zu pola-
risierenden Gitters (vergl. Abb. 7.10) die Sprungtemperatur begrenzen,
so muß man sich eben ein polarisierbares Medium mit kleineren Teilchen-
massen suchen. Und wenn die Massen von Atomen bereits zu groß sind,
dann muß man zu Elektronen übergehen. Die Schwierigkeit besteht darin,
sich einen Festkörper auszumalen, in dem die Cooper-Paarbildung nicht
über Phononen, sondern über ein polarisierbares Elektronensystem vermittelt wird. Der prinzipielle Bau der Einheiten, aus denen man einen
solchen Festkörper zusammensetzen könnte, ist in Abb. 7.11 gezeigt.

Im Mittelpunkt (im wahrsten Sinne des Wortes) steht hierbei eine Kette,
entlang der sich Elektronen fortbewegen können. Dies mag eine Kette aus
aneinander gebundenen Metallatomen sein, oder ein organisches oder an-
organisches Polymer, in dem eine Elektronenverschiebung möglich ist.
Ein Polymer, in dem sich Einfach- und Doppelbindungen abwechseln, könnte
diese Eigenschaft zeigen.

Außen an dieser elektrisch leitfähigen Kette müssen dann Substituenten
angebracht sein, in denen Elektronen leicht in Richtung senkrecht zur
Kette verschoben werden können. Solche Eigenschaften haben zum Beispiel
Farbstoffmoleküle, da bei diesen die Farbigkeit ja direkt eine Folge
leicht beweglicher (und damit auch leicht optisch anregbarer) Elektronen darstellt.

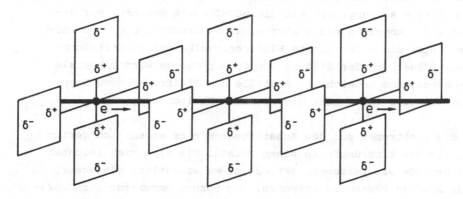

Abb. 7.11. Schema der Baueinheiten eines hypothetischen Hochtempera-
tur-Supraleiters.

Ein Elektron, das unter der Wirkung eines elektrischen Feldes den leitfähigen Strang entlangläuft, beeinflußt nun das polarisierbare Elektronensystem auf den seitlichen Substituenten. Die Elektronenwolke auf
diesen wird so polarisiert, daß Elektronendichte durch Coulombsche Wechselwirkung vom Leitfähigkeitsstrang weggeschoben wird. Durch diese Ladungsverschiebung baut sich auf den Substituenten in Strangnähe eine
positive Ladung ($\delta+$) auf, vom Strang entfernt eine negative ($\delta-$). Ein
solcher Zustand getrennter Ladung wird als Exziton bezeichnet (da er
etwas mit "Anregung" des Elektronensystems in einen energetisch höher
liegenden Zustand zu tun hat).

Ganz analog zur Gitterpolarisation in Abb. 7.10 hinkt auch hier die
Ladungsverschiebung auf den Substituenten dem über den Leitungsstrang
eilenden Elektron ein wenig hinterher. Die Elektronen in den Molekülorbitalen der Substituenten sind nämlich etwas schwerer beweglich (haben eine größere effektive Masse) als die nahezu metallisch-freien Elektronen des Leitungsstranges. Die Polarisation des Ligandensystems, also

die Existenz der Exzitonen, bleibt daher noch einige Zeit erhalten, nachdem das erzeugende Elektron diese Stelle passiert hat.

Diese Polarisation übt nun auf ein zweites Elektron auf dem Strang eine anziehende Kraft aus und koppelt es mit dem ersten zu einem Cooper-Paar. Dies entspricht völlig dem Mechanismus der Cooper-Paarbildung über eine Gitterverzerrung, wie sie die BCS-Theorie annimmt. Nur geschieht jetzt die Kopplung nicht über eine Gitterschwingung, ein Phonon, sondern über die polarisierte Elektronenwolke der Substituenten, das Exziton. Dieser Weg der Bildung von Cooper-Paaren wird daher als Exzitonen-Mechanismus bezeichnet. Anstelle der Elektron-Phonon Kopplung der BCS-Theorie tritt hier die Elektron-Exziton Kopplung.

Nun haben die Elektronen auf den Substituenten eine wesentlich geringere Masse als die Atomrümpfe in einem Metall. Sie sind viel leichter beweglich, und für ein Leitungselektron ist es wesentlich einfacher, ein Exziton als ein Phonon zu erzeugen. Die Sprungtemperatur für Supraleitung sollte damit wesentlich höher liegen als bei den herkömmlichen Supraleitern, die durch die BCS-Theorie beschrieben werden. Sogar Werte oberhalb der Zimmertemperatur werden erwartet.

Nach diesen Vorstellungen sollte Supraleitung nach dem Exzitonenmechanismus nur bei eindimensionalen Leitern vorkommen, also bei Substanzen, die den Strom nur längs einer Richtung leiten. Die großen Substituenten wirken nämlich als Isolatoren zwischen den Strängen, so daß die Leitungselektronen nur in Strangrichtung laufen können.

Nach Little werden Substituenten benötigt, die den Strang auf allen Seiten umgeben. Nur dann soll die Polarisation kräftig genug sein, die Cooper-Paarbildung zu bewirken. (Andere Autoren meinen jedoch, daß man dieses Ziel auch mit Schichtverbindungen erreichen könnte. Dabei sollten Schichten, in denen das Elektron in zwei Dimensionen beweglich ist, zwischen isolierende Schichten gelagert werden, in denen sich die Anregung der Exzitonen abspielt. Die Schichtdicken müssen dabei in der Größenordnung von Molekülen liegen.)

Eine Substanz, die den Kriterien des Littleschen Modells genügt, konnte bisher noch nicht hergestellt werden. Doch haben diese Ideen die Forschung auf dem Gebiet der "eindimensionalen Leiter" sehr beflügelt. Solche Leiter zeigen einige physikalische Besonderheiten, die sich bei

Hiernach werden positive Handlungen oder Verhaltensweisen eher der eigenen Person zugeschrieben, während man die Schuld für negative Handlungen oder Verhaltenssequenzen in Situationsfaktoren sieht. SNYDER et al. (1976) und HERKNER (1980) bezeichnen dieses attributionstypische Verhalten als einen Attributionsfehler, der zu "ichverteidigenden" Attributionen führt und Attributionen in selbstwertsteigernder Weise verzerrt: "Eigene Erfolge werden mehr der Person und weniger der Situation zugeschrieben als Erfolge anderer Personen unter vergleichbaren Umständen. Ähnlich werden eigene Mißerfolge weniger der Person und mehr der Situation zur Last gelegt als Mißerfolge anderer Personen" (HERKNER 1980). Attributionen dienen nach BRADLEY (1978) nicht nur der "wertfreien" Erkenntnis von Kausalbeziehungen, sondern auch der zumindest scheinbaren Bestätigung von Wunschvorstellungen. Schon HEIDER beschreibt den Zweck dieser attributionsverzerrenden Gesetzmäßigkeit: "Solche Attributionen dienen dazu, den Selbstwert hoch zu halten" (HEIDER 1944).

Die hohe Übereinstimmung unserer Ergebnisse bei den Kontrollstichproben mit normalpsychologischen attributionstheoretischen Gesetzmäßigkeiten mag auf eine ausreichende interne Validität unserer Versuchsanordnungen und eine ausreichende Verläßlichkeit unserer Meßparameter schließen lassen.

6.1.   Zur Spezifität des Kausalattributionsverhaltens
         klinisch-depressiver Subgruppen

Ausgangspunkt für die Klassifikation stationärer depressiver Subgruppen im klinischen Feld war die klinische Klassifikation nach Nosologie
und Symptomatologie des depressiven Geschehens. Um zu einer nosolo-
gisch möglichst eindeutigen Abgrenzung der endogen Depressiven von
den neurotisch Depressiven zu kommen, gingen in unsere Studie in
der Regel Depressive vom Typ bipolar I (ANGST 1966; PERRIS 1966)
in die Gruppen der endogenen Depressionen ein. Diese Gruppen sind
aufgrund der oben angegebenen Kriterien im Gegensatz zu den unipo-
laren endogenen Depressionen klinisch recht eindeutig von den neurotischen Depressionen differentialdiagnostisch abzugrenzen. Zur möglichst genauen symptomatologischen Beschreibung der depressiven
Subgruppen wurde dann in U I über verschiedene Parameter eine opera-
tionale Reklassifizierung der Gruppen vorgenommen. Hierbei gingen in
das Cluster $_1$ fast ausschließlich endogen-depressive Pat. vom Typ
bipolar I ein, während die Gruppe Cluster $_2$ eine nosologische Misch-
gruppe aus bipolaren endogenen Depressionen und schweren neurotischen
Depressionen mit vorwiegend agitierter Symptomatik darstellte. Neben
dem hohen Alter und der ausgeprägten Depressionstiefe unterscheidet
diese beiden Gruppen Cluster $_1$ und Cluster $_2$ von den beiden rein
neurotisch-depressiven Gruppen Cluster $_3$ und Cluster $_4$ das geringe
Selbstwertgefühl, negative Selbstvorstellung und eine Tendenz zu
Selbstvorwürfen. In U II und U III wurde die Unterteilung der endogenen und neurotischen Depressionsgruppen nach der klinisch-nosolo-
gischen Klassifikation bipolar I (endogene Gruppen) und neurotische
Gruppen mit ausgeprägter depressiver Symptomatik getroffen.

Geht man nun der Frage nach, für welche klinische Subgruppe das von
SELIGMAN et al. postulierte depressionstypische Attributionsmuster
am besten zutrifft, so zeigt sich in allen drei Untersuchungen, daß
sowohl endogen Depressive wie auch neurotisch Depressive, die inso-
weit dekompensiert sind, daß sie einer stationären psychiatrischen
Hilfe bedürfen, in der depressiven Phase durch ihr spezifisches
Attributionsverhalten in Erfolgs- bzw. Mißerfolgssituationen von
psychisch Gesunden und nicht-depressiven psychiatrischen Kontrollgruppen unterschieden werden können. Sieht man einmal von den Frage-
bogenergebnissen in U III ab, so zeigt sich die Dimension Internalität versus Externalität als eine typisch depressiogene Kausalattri-
butionen steuernde Determinante in der Form, daß gemäß der SELIGMAN-
schen Theorie sowohl endogene wie auch neurotisch-klinische Depressionen dazu neigen, ihren Erfolg mehr externen und ihren Mißerfolg
eher internen Ursachen zuzuschreiben im Vergleich zu psychisch Gesunden und nicht-depressiven psychiatrischen Pat. Dieser Befund
unterstreicht auch im klinischen Feld eine ganze Reihe von Be-
funden (GARBER u. HOLLON 1980; GOLIN et al. 1981; HARVEY 1981;
PASAHOW 1980; RAPS et al. 1982; SEMMEL et al. 1979) teils an sub-
depressiven College-Studenten, teils an klinisch-depressiven Pat.,
die einen Zusammenhang zwischen einem spezifischen Attributionsstil
und Depressivität in Laborsituationen im oben genannten Sinne objek-
tivieren konnten. Auch hier wurde der Dimension Internalität versus
Externalität - faßt man einmal die Ergebnisse aller genannten Untersuchungen zusammen - die höchste diskriminative Tendenz zugeschrieben. Eine genauere Analyse der Ergebnisse vor allem von U I zeigt,
daß eine ausgeprägte, im Sinne der SELIGMANschen Theorie vorausgesagte Attributionsverzerrung in Form einer Externalisierung von Erfolgen und einer Internalisierung von Mißerfolgen in erster Linie
nur für die beiden depressiven Gruppen Cluster $_1$ und Cluster $_2$ ge-

funden werden konnte, während dieser Effekt bei den beiden anderen
depressiven Subgruppen nur tendenzweise zu beobachten war. Dieser
Befund könnte darauf zurückzuführen sein, daß in den beiden Clustern
1 und 2 Symptome der Selbstwertverminderung, depressive Wahnideen
wie Versündigungs-, Schuld- und Selbstabwertungsideen und negative
Einstellung der eigenen Person mit im Vordergrund der Symptomatik
standen.

ICKES und LAYDEN (1978) konnten in einer Untersuchung zeigen, daß
Vpn mit geringem Selbstwertgefühl negative Ergebnisse in höherem
Maße auf interne als auf externe Ursachen zurückführen. Sie verglichen Personen mit hohem, mittlerem und niedrigem Selbstwertgefühl
hinsichtlich ihres Attributionsstils und fanden bei den Vpn mit
hohem Selbstwertgefühl die ausgeprägteste Tendenz zu internalen
Attributionen von positiven Ergebnissen und zu externen Attributionen von negativen Ergebnissen. Diese Tendenz zeigte sich auch
noch in abgeschwächter Form bei Vpn mit mittlerem Selbstwertgefühl,
während sich bei den Vpn mit niedrigem Selbstwertgefühl die Attribu-
tionsmatrix umkehrte. Hier deuten die Ergebnisse von U I hinsichtlich
der phänomenalen Spezifität des Attributionsstils für klinisch-de-
pressive Subgruppen darauf hin, daß die von SELIGMAN hinsichtlich
der Dimension Internalität versus Externalität vorausgesagte de-
pressions-spezifische Attribution vorwiegend für Depressionen mit
niedrigem Selbstwertgefühl gelten und sich die Frage erhebt, ob diese
Tendenz spezifischer depressiver Subgruppen im klinischen Feld, bei
Mißerfolgen interne Attributionen, bei Erfolgen externe Attributionen
heranzuziehen, ein Kriterium der Depressivität oder des verminderten
Selbstwertgefühls ist.

Die Peierls-Verzerrung ist eine typische Erscheinung eindimensionaler
Metalle. Bei den normalen dreidimensionalen Leitern tritt sie nicht
auf: Wegen der komplizierteren Form der Fermi-Fläche ist in einem dreidimensionalen Metall eine Absenkung der Elektronenenergie nach diesem
Mechanismus nicht möglich.

Ein eindimensionales Metall ist also nur bei hohen Temperaturen stabil.
Beim Abkühlen tritt ein Phasenübergang zum Zustand mit verzerrter Struk-
tur, dem Peierls-Zustand ein. Dieser Phasenübergang wird als Peierls-
Übergang bezeichnet.

Im Peierls-Zustand ist der Festkörper aber kein Metall mehr, da die
Fermi-Energie nicht innerhalb eines erlaubten Energiebandes liegt. Die
auf der Höhe der Fermi-Energie aufgetretene Bandlücke (Abb. 8.2 rechts)
führt vielmehr zum Verhalten eines Halbleiters. Von hoher Temperatur
kommend ist der Peierls-Übergang ein Metall-Halbleiter-Übergang. Dieser äußert sich natürlich in den physikalischen Eigenschaften des Festkörpers, zum Beispiel in seiner elektrischen Leitfähigkeit (Abb. 8.4).
Diese nimmt zunächst mit fallender Temperatur zu, wie es sich für ein
Metall gehört. Ab der Peierls-Temperatur, bei der die Peierls-Verzerrung eintritt, nimmt die Leitfähigkeit dann mit weiter fallender Temperatur ab, wie es einem Halbleiter entspricht.

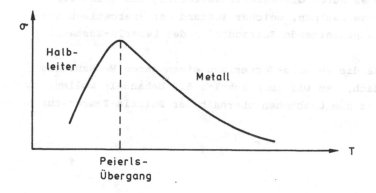

Abb. 8.4. Temperaturabhängigkeit der elektrischen Leitfähigkeit σ bei
einem eindimensionalen Metall.

Bei welcher Temperatur der Peierls-Übergang eintritt, ist natürlich von
Substanz zu Substanz verschieden. Verantwortlich hierfür ist ja das

Wechselspiel zwischen Energie der Elektronen und der Gitterenergie.
Beide hängen von der chemischen Natur des Festkörpers ab.

Als weitere wichtige Methode zur experimentellen Beobachtung des Peierls-Übergangs bietet sich die elastische Röntgen- oder Neutronenbeugung an. Wir hatten ja im Kapitel 1 besprochen, daß sich die Gitterperiodik in der Röntgen- und Neutronenbeugung wiederspiegelt. Da sich
durch die Peierls-Verzerrung die Periode des Gitters ändert, verändert
sich auch das beobachtete Streumuster. Hieraus läßt sich dann direkt
ablesen, welche neue Gitterkonstante sich im Peierls-Zustand herausge-
bildet hat.

Da die Gitterperiode im Peierls-Zustand aber unmittelbar mit dem Betrag
des Fermi-Wellenvektors zusammenhängt, ist dieser mit Beugungsmethoden
experimentell bestimmbar. Damit wiederum läßt sich der Füllungsgrad des
Leitungsbandes in der metallischen Hochtemperaturphase ermitteln, den
man sonst unter Umständen gar nicht feststellen kann. Ein Beispiel werden wir später erörtern.

In der Peierls-Verzerrung liegt ein prinzipielles Problem für die Supraleitung nach dem Exzitonenmechanismus, die in Abschnitt 7.4 besprochen
wurde. Man kann das benötigte eindimensionale Metall eben nicht beliebig abkühlen, ohne daß es durch die Peierls-Verzerrung zum Halbleiter
wird. Die kritische Frage ist nun, welcher Zustand der energetisch sta-
bilere sein wird, der supraleitende Zustand oder der Peierls-Zustand.

Allerdings macht gerade die Peierls-Verzerrung einen neuen Mechanismus
der Leitfähigkeit möglich, den wir im Abschnitt 8.3 behandeln wollen.
Zunächst kehren wir aber zum Geschehen oberhalb der Peierls-Temperatur
zurück.

8.2 Die Kohn-Anomalie

Dieser Abschnitt greift auf Kapitel 3 zurück, in dem wir über Gitterschwingungen, Phononendispersionskurven und inelastische Neutronenstreuung gesprochen hatten. Dort hatten wir zum Beispiel die Phononendispersionskurven für eine akustische Schwingung in einer eindimensionalen Atomkette behandelt.

Die Abhängigkeit der Kreisfrequenz ω der Phononen (und damit ihrer Energie) vom Wellenvektor $\vec{K}$ der Gitterschwingungen zeigte den in Abb. 8.5
nochmal abgebildeten Verlauf. Diese Kurve besagt, daß die Schwingungen
umso energiereicher werden, je größer ihr Wellenvektor und damit je
kleiner ihre Wellenlänge ist. So etwas ist völlig normal.

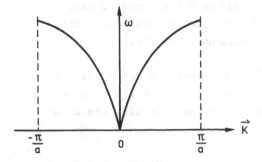

Abb. 8.5. Dispersionsbeziehung ω = f($\vec{K}$) der Longitudinalschwingung
einer einatomigen Kette.

Für ein eindimensionales Metall bei Temperaturen oberhalb der Peierls-
Temperatur zeigt sich aber eine bemerkenswerte Abweichung hiervon: Gitterschwingungen anzuregen kostet Energie. Je kürzerwelliger sie werden
sollen, desto mehr Energie muß aufgebracht werden. Dies ist ja genau
die Aussage der Abb. 8.5.

Jetzt versuchen wir aber einmal, eine Gitterschwingung mit einem Wellenvektor $\vec{K}$ anzuregen, der gerade doppelt so groß ist wie der Fermi-Wellen-
vektor des Elektronensystems, $\vec{K} = 2\vec{k}_F$. Im Peierls-Zustand bildet sich
ja eine neue Periodik des Gitters mit der Periodenlänge a´ aus, wobei
a´ aus der Beziehung $\vec{k}_F = \pm\pi/a´$ hervorgeht. Zur Gitterschwingung mit
Wellenvektor $\vec{K}$ gehört aber definitionsgemäß eine Wellenlänge

$$\lambda = 2\pi/\vec{K}$$

mit $\vec{K} = 2\vec{k}_F$ wird daraus

$$\lambda = \pi/\vec{k}_F$$

und mit $\vec{k}_F = \pi/a´$

$$\lambda = a´$$

Die Wellenlänge der angeregten Gitterschwingung entspricht also dann
genau der Gitterperiode, die man im Peierls-Zustand findet. Wenn das
Gitter diese Periode a´ hat, wird die Energie des Elektronensystems
durch die Bandaufspaltung erniedrigt. Wenn man oberhalb der Peierls-
Temperatur eine Gitterschwingung dieser Wellenlänge anregt, so führt
dies ebenfalls zu einer Aufspaltung des Leitungsbandes und zu einer
Energieabsenkung der Elektronen. Denn solange diese Schwingung vorhanden ist, hat das Gitter ja die entsprechende Periodik.

Zur Anregung der Gitterschwingung mit $\vec{K} = 2\vec{k}_F$ benötigt man daher relativ wenig Energie, denn ein bestimmter Anteil der Energie wird durch
die Bandaufspaltung und die energetische Absenkung der Elektronen geliefert.

In der Phononendispersionskurve findet man dann ein Minimum bei einem
Wellenvektor $\vec{K} = 2\vec{k}_F$ (Abb. 8.6). Diese Einsenkung in der normalen Dispersionskurve wird Kohn-Anomalie genannt. (Genauer müßte man von einer
"Riesen-Kohn-Anomalie" sprechen, da man die eigentliche Kohn-Anomalie
als eine winzige Änderung der Steigung der Dispersionskurve bei einem
normalen dreidimensionalen Metall beobachtet. Der Kürze wegen wollen
wir dieses "Riesen" im weiteren jedoch weglassen.)

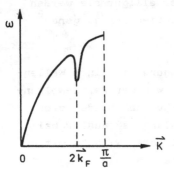

Abb. 8.6. Kohn-Anomalie in der Phononendispersionskurve eines eindimensionalen Metalls bei $\vec{K} = 2\vec{k}_F$.

Die Beobachtung der Kohn-Anomalie in der inelastischen Neutronenstreuung ist eine weitere experimentelle Methode, die Lage des Fermi-Wellenvektors und damit die Besetzung des Leitungsbandes mit Elektronen zu
ermitteln. Die Energieabsenkung der Gitterschwingung wird auch als
"Weichwerden" dieser Schwingung bezeichnet. Entsprechend ist dann eine

Gitterschwingung mit $\lambda = a'$ eine "weiche" Schwingung ("weiche" Mode).

Wie "weich" diese Schwingung, das heißt, wie tief das Minimum bei $2\vec{k}_F$ in der Phononen-Dispersionskurve wird, ist eine Frage der Temperatur. Mit fallender Temperatur wird das Minimum immer tiefer, um bei der Peierls-Temperatur schließlich null zu werden. Bei dieser Temperatur verzerrt sich ja das Gitter spontan in der entsprechenden Weise. Saloppe Formulierung hierfür: Das Phonon kondensiert (friert ein).

8.3 Ladungsdichtewellen und Fröhlich-Leitfähigkeit

Kehren wir bei unserem eindimensionalen Metall zum Peierls-Zustand zurück (in dem das eindimensionale Metall allerdings nach der Lage seiner Energiebänder zum eindimensionalen Halbleiter geworden ist). Dieser Zustand ist charakterisiert durch eine periodische Gitterverzerrung, wie sie in Abb. 8.7 nochmal angedeutet ist. Im allgemeinen Fall, so stellten wir fest, muß die Periode a' der verzerrten Struktur in keinem einfachen Verhältnis zur Gitterkonstanten a der unverzerrten Kette stehen.

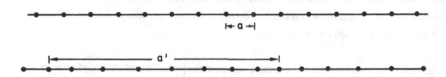

Abb. 8.7. Eindimensionales Gitter im Normalzustand (oben) und im Peierls-Zustand (unten).

Wie bei einem normalen Metall bedeuten hier die Punkte die Orte der positiv geladenen Atomrümpfe, die Leitungselektronen sind dazwischen verteilt. Die Peierls-Verzerrung führt nun dazu, daß sich längs dieser Kette Bereiche erhöhter positiver Ladungsdichte mit solchen erniedrigter positiver Ladungsdichte abwechseln.

Es erfordert dann nur einfachste physikalische Grundkenntnisse, um sich zu überlegen, wo sich die Leitungselektronen längs der Kette wohl bevorzugt aufhalten werden: natürlich genau dort, wo sich die positiven Ladungen anhäufen (Abb. 8.8). Diese Erscheinung, daß sich längs der

Kette Bereiche höherer und niedriger Ladungsdichte abwechseln, pflegt man als Ladungsdichtewelle zu bezeichnen.

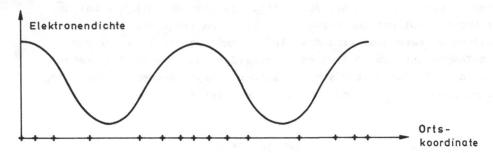

Abb. 8.8. Ladungsdichtewelle im Peierls-Zustand. Die +-Zeichen geben die Lagen der positiven Atomrümpfe an.

Die Wellenlänge dieser Ladungsdichtewelle ist gerade gleich der Periode a´ der Peierls-Verzerrung. Ist diese Wellenlänge inkommensurabel mit der Periode des zugrundeliegenden unverzerrten Gitters, so ist es energetisch völlig gleichgültig, wie die Welle relativ zum Grundgitter liegt: Wegen der Inkommensurabilität kommen alle Positionen relativ zum Gitter vor. Wenn es aber energetisch gleichgültig ist, welche Lage die Ladungsdichtewelle gerade einnimmt, dann kostet es auch keine Energie, sie im Gitter zu verschieben.

Die Ladungsdichtewelle kann also, einmal angeschubst, ohne Energieverlust durch das Gitter laufen. Man muß sich natürlich vor Augen halten, daß die einzelnen Atome dabei nur sehr kleine Bewegungen ausführen (einige hundertstel bis zehntel Angström). Wenn eine Wasserwelle durch einen See läuft, so bewegen sich die einzelnen Wasserteilchen ja auch nur wenig und werden keineswegs durch den ganzen See verschoben.

Eine durch das Gitter laufende Ladungsdichtewelle schleppt nun die Elektronen einfach hinter sich her, da sich diese immer an den Orten hoher positiver Ladungsdichte aufhalten wollen. Genauso läßt sich ein Wellenreiter von einer Wasserwelle forttransportieren: Er hält dabei seine Position relativ zum Wellenberg bei, und dieser schiebt ihn vor sich her (Abb. 8.9). Während sich die einzelnen Wasserteilchen dabei kaum bewegen, gleitet der Wellenreiter über die Wasseroberfläche hin.

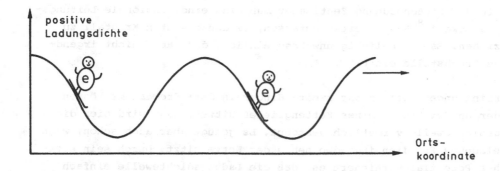

Abb. 8.9. Elektronenverschiebung durch die Ladungsdichtewelle.

So geht es auch den Elektronen, die durch die Bewegung der Ladungsdichtewelle durch den Festkörper verschoben werden, während sich die
positiven Atomrümpfe nur wenig bewegen und im Mittel an ihrer Position
verbleiben. Durch einen Körper laufende Elektronen stellen aber einen
elektrischen Strom dar.

Dies ist nun ein ganz neuer Mechanismus der elektrischen Leitfähigkeit:
Es sind nicht einzelne Elektronen, die unabhängig voneinander den Strom
transportieren, sondern es handelt sich um eine kollektive Erscheinung
aller beweglicher Elektronen. Diese Art von Leitfähigkeit wird Fröh-
lich-Leitfähigkeit genannt. Der Stromtransport verläuft im Idealfall
widerstandsfrei, so daß er zur Fröhlich-Supraleitung führen könnte.

Diese Supraleitung unterscheidet sich grundlegend von der BCS-Supra-
leitung, da hier keine Cooper-Paare auftreten. Damit gibt es auch keine
prinzipielle Begrenzung der Sprungtemperatur, der Festkörper muß sich
lediglich im Peierls-Zustand befinden.

Nun ist es eine bedauerliche Tatsache, daß bisher keine Hochtemperatur-
Supraleiter bekannt sind, auch nicht solche nach dem Fröhlich-Mechanis-
mus. Also muß es bei den eben angestellten Überlegungen einen Haken
geben. Und dieser Haken ist schnell gefunden, aber kaum zu entfernen:
Er besteht in den unvermeidlichen Gitterfehlern und Verunreinigungen.

Der Ausbreitung einer Ladungsdichtewelle durch den ganzen Kristall
stellen sich zwei wesentliche Hindernisse entgegen. Das eine besteht
in einem Bruch der Leitfähigkeitskette. Bei einem Kristall mit einer

Länge in der Größenordnung Zentimeter muß eine eindimensionale Leitungs-
kette ja etwa 10^8 Baueinheiten umfassen, um den gesamten Kristall zu
durchziehen. Es ist beliebig unwahrscheinlich, daß dabei nicht irgendwo eine Bruchstelle eintritt.

Verunreinigungen stellen das zweite Hindernis dar: Fremdatome können
entweder an der Stelle eines Kettengliedes sitzen, dann wird hier die
Ladungsdichtewelle vermutlich gestoppt. Es genügt aber auch schon, wenn
ein geladenes Fremdion irgendwo neben der Kette sitzt: Durch sein elektrisches Potential verhindert es, daß die Ladungsdichtewelle einfach
an ihm vorbeizieht. Das elektrische Feld eines Ions auf einem Zwischengitterplatz genügt also, die Ladungsdichtewelle festzuhalten. (Auf Neu-
deutsch nennt man das "pinning" der Ladungsdichtewelle.)

Die Ladungsdichtewelle kann sich dann nicht mehr frei durch das Gitter
bewegen, sondern nur noch zwischen den Haftpunkten hin und her oszil-
lieren. Damit ist auch hier der Traum von der Hochtemperatur-Supralei-
tung ausgeträumt! Ein solches Pendeln der Ladungsdichtewelle vermag
jedoch sehr wohl die Wechselstromleitfähigkeit des Festkörpers zu er-
höhen. Denn dafür genügt es ja, daß die Elektronen nur kleine Strecken
hin und her laufen, sie müssen sich nicht wie bei der Gleichstromlei-
tung durch den ganzen Leiter bewegen.

Es ist jedoch auch möglich, die Haftung der Ladungsdichtewellen an den
Gitterfehlern mit Gewalt zu lösen. Man muß nur die elektrische Spannung
so groß wählen, daß die Ladungsdichtewellen über das Störpotential hinübergehoben werden. Die Leitfähigkeit gehorcht dann nicht mehr dem Ohmschen Gesetz (das heißt, der Strom nimmt nicht linear mit der Spannung
zu), sondern sie ist nicht-ohmsch: Bei einer Schwellenspannung steigt
sie plötzlich stark an. Dieser Anstieg ist mit dem Loslösen der Ladungsdichtewellen von den Gitterfehlern verknüpft. Eine typische Strom-Spannungs-Kurve für diesen Fall ist in Abb. 8.10 gezeigt.

Bei kleinen Spannungen gehorcht die Leitfähigkeit dem Ohmschen Gesetz
und der Strom steigt linear mit der Spannung an. Getragen wird er von
einzelnen Elektronen in angeregten Energiezuständen, die sich nicht an
der Ladungsdichtewelle beteiligen. Ab einer bestimmten Minimalspannung
steigt der Strom stärker als linear an. Die Leitfähigkeit selbst nimmt
also zu und ist dann eine Funktion der angelegten Spannung. Hier macht
sich der Beitrag der Ladungsdichtewellen bemerkbar, die über die Stör-
potentiale der Gitterfehler hinweggehoben werden.

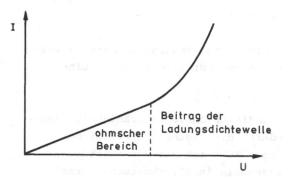

Abb. 8.10. Strom-Spannungs-Kurve bei nicht-ohmscher Leitfähigkeit.

In Abb. 8.11 ist dieser Sachverhalt ein wenig anders dargestellt. Hier ist die Leitfähigkeit als Funktion der Spannung, $\sigma(U)$, dividiert durch die für eine Spannung von null extrapolierte Leitfähigkeit $\sigma(U \rightarrow O)$ aufgetragen. Dieser Wert liegt solange bei eins, wie das Ohmsche Gesetz gilt. An der Grenzspannung, die zum Loslösen der Ladungsdichtewellen führt, nimmt die Leitfähigkeit $\sigma(U)$ mit steigender Spannung zu. Solche Beobachtungen werden als experimentelle Hinweise für das Vorhandensein von Ladungsdichtewellen und ihr Loslösen von Störstellen gewertet.

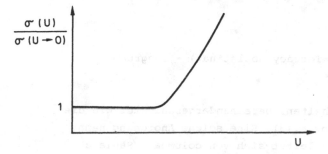

Abb. 8.11. Normalisierte elektrische Leitfähigkeit als Funktion der Spannung.

Ladungsdichtewellen und die damit verbundenen Strukturverzerrungen werden auch bei "zweidimensionalen" Verbindungen beobachtet. Dies sind Verbindungen, die in Schichtstrukturen kristallisieren. Besonders gute Kandidaten hierfür sind einige Übergangsmetall-Dichalcogenide wie TiS_2, TaS_2 und andere. Im folgenden Abschnitt wollen wir jedoch mehr "eindimensionale" Beispiele betrachten.

8.4 Einige Beispiele eindimensionaler Metalle

In diesem Abschnitt sollen einige typische eindimensionale Metalle vor-
gestellt werden, die jeweils stellvertretend für eine ganze Verbindungsklasse stehen.

Beim "KCP" fand man zum ersten Male eindimensionale Leitfähigkeit, lange
nachdem von Peierls, Fröhlich und anderen die Eigenschaften solcher
Leiter theoretisch vorhergesagt wurden. "KCP" ist ein Physikerkürzel
für "partiell oxidiertes Kaliumtetracyanoplatinat", chemische Formel
$K_2[Pt(CN)_4]Br_{0,3} \cdot 3,2 \ H_2O$.

Wesentliches Bauelement dieses Festkörpers ist die ebene Baueinheit
$[Pt(CN)_4]^{2-}$ (Abb. 8.12.)

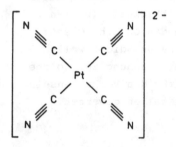

Abb. 8.12. Die $[Pt(CN)_4]^{2-}$ (=Tetracyanoplatinat) - Baugruppe

Im Kristall sind diese Baueinheiten übereinandergeschichtet wie die
Münzen in einer Geldrolle (Abb. 8.13). Eine solche Anordnung nennt
man Kolumnarstruktur. Der Name leitet sich von columna = Säule ab.

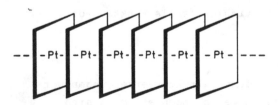

Abb. 8.13. Kolumnarstruktur aus Tetracyanoplatinat-Einheiten.

In Abb. 8.13 sind die Baugruppen einfach als Quadrate mit den Platin-
atomen in der Mitte gezeichnet. Bei dieser Anordnung kommen sich die
Metallatome sehr nahe und bilden sozusagen einen "einatomigen Draht".
Längs dieser Platinkette können sich die Elektronen frei gewegen.

Dabei ist es wichtig, daß das Platin "partiell oxidiert" ist. Dahinter
steckt folgendes: Wenn Platin seine übliche Oxidationsstufe +2 hat und
sich in der in Abb. 8.13 gezeigten Art anordnet, so wäre das eindimensionale Valenzband, das sich aus geeigneten Atomorbitalen bildet, gerade voll. Die Verbindung wäre dann kein Metall. Durch die Oxidation
werden Elektronen aus dem Valenzband entfernt (sie finden sich auf den
Bromid-Ionen wieder). Dieses ist dann nicht mehr voll, sondern ist zum
teilweise gefüllten Leitungsband geworden. "Partiell" heißt schließlich noch, daß nicht für jedes Platin-Atom ein Elektron aus dem Leitungsband genommen wird, sondern hier im Mittel nur 0,3 Elektronen pro
Platinatom. Dies bringt ja die seltsame Summenformel der Verbindung zum
Ausdruck, die 0,3 Bromid-Ionen pro Platinatom aufweist.

Die partielle Oxidation macht also das KCP zum Metall. Es ist ein eindimensionaler Leiter, weil sich die Elektronen nur längs der Platinkette frei bewegen können. Dieser eindimensional-metallische Charakter
zeigt sich äußerlich im metallartigen Reflexionsvermögen dieser Verbindung, die den Kristallen ein messingartiges Aussehen verleiht.

Mehr quantitativ ist das Reflexionsvermögen als Funktion der Frequenz
des eingestrahlten Lichtes in Abb. 8.14 gezeigt. Dabei wurde polarisiertes Licht verwendet, und die Abbildung enthält das Reflexionsspektrum für Licht, dessen elektrischer Vektor parallel (II) und senkrecht
(I) zur Platinkette schwingt.

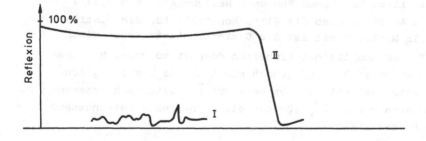

Abb. 8.14. Reflexionsvermögen von KCP für Licht mit Polarisationsrich-
tung parallel (II) und senkrecht (I) zur Metallkette.

144

Für parallel zur Kettenachse polarisiertes Licht erhält man das für
ein nahezu freies Elektronengas typische Spektrum (vergl. Abschnitt
5.3). Deutlich tritt auch die Plasma-Kante bei hoher Frequenz auf.
Das Reflexionsspektrum für senkrecht hierzu polarisiertes Licht ist
demgegenüber langweilig: Es zeigt keine metallische Reflexion, sondern
entspricht dem Verhalten eines normalen Isolators. Dieses unterschiedliche Reflexionsverhalten bringt klar zum Ausdruck, daß sich die Elektronen entlang der Kette frei bewegen können, ihr Verhalten also einem
freien Elektronengas annähern, während sie senkrecht dazu festsitzen.

Da sich KCP in seinem optischen Reflexionsverhalten als eindimensionales Metall erweist, sollte es auch die anderen Eigenheiten eines solchen Festkörpers zeigen, die wir zuvor besprochen hatten. Und das tut
es natürlich auch. So ist zum Beispiel in Abb. 8.15 die Phononen-Dispersionskurve für longitudinale akustische Phononen längs der Kettenachse dargestellt.

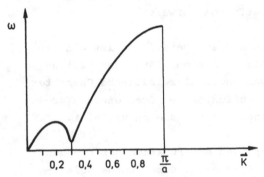

Abb. 8.15. Phononendispersionskurve in Kettenrichtung bei KCP.

Die Kohn-Anomalie liegt bei einem Phononen-Wellenvektor $\vec{K} = 0,3\pi/a$
(wenn a den Pt-Pt Abstand, also die Gitterkonstante für die Platinkette bedeutet. In Wirklichkeit ist die Gitterkonstante wegen einer
Verdrehung der Tetracyanoplatinat-Einheiten doppelt so groß. Bei unseren Überlegungen kommt es hierauf jedoch nicht an, da uns lediglich
die Platinkette interessiert). Dieser Wert von $\vec{K}$ sollte nach unseren
früheren Überlegungen gerade $2\vec{k}_F$ für das eindimensionale Leitungsband
entsprechen. Macht das Sinn?

Bestimmen wir zunächst, wie weit das Leitungsband gefüllt ist, das ist
hier ganz einfach: Bei zwei Elektronen im betreffenden Orbital des

Platins wäre es ganz voll (gemäß den Ausführungen in Abschnitt 6.2).
Jedes Platinatom hat aber im Mittel O,3 Elektronen weniger, die sich
nach der Oxidation bei den Bromidionen befinden.

Also ist das Band zu 1,7 : 2 = 0,85 voll. $\vec{k}_F$ liegt daher bei O,85π/a
und $2\vec{k}_F$ bei 1,7π/a. Nun mißt man ja nur in der ersten Brillouin-Zone,
also bis π/a. Erhält man also keinen Meßwert, da $2\vec{k}_F$ bei 1,7π/a liegen
sollte?

Doch, denn man muß nun noch daran denken, daß man die Wellenvektoren
von jedem Reziproken Gitterpunkt aus auftragen kann. Tun wir dies in
unserem Fall von dem um 2π/a nebenan liegenden Reziproken Gitterpunkt
(Abb. 8.16). Der entsprechende Vektorpfeil für $\vec{K} = 2\vec{k}_F$ kommt dann in
der ersten Brillouin-Zone bei $\pm$0,3π/a zu liegen.

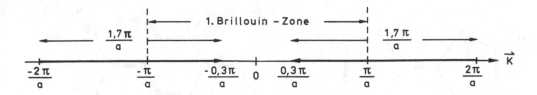

Abb. 8.16. "Umklappen" eines Wellenvektors in die erste Brillouin-Zone.

Dies ist also der zu $2\vec{k}_F$ = 1,7π/a gehörende entsprechende Punkt in der
ersten Brillouin-Zone. Diesen Trick, einen zu großen Wellenvektor dadurch in die erste Brillouin-Zone hineinzubiegen, daß man ihn einfach
bei einem benachbarten Reziproken Gitterpunkt beginnen läßt, bezeichnet man auf physikalisch-vornehm als Umklapp-Prozeß. Ein solcher Umklapp-Prozeß erklärt in unserem Fall den beobachteten Wellenvektor
für die Kohn-Anomalie.

Welcher Wellenlänge der "weichen" Gitterschwingung entspricht dies nun?
Auch dies ist rasch überlegt: Definition ist ja $\vec{K}$ = 2π/λ. Gefunden wird
$\vec{K}$ = O,3π/a. Also:

$$\lambda = \frac{2\pi}{\vec{K}} = \frac{2\pi \cdot a}{O,3\pi} = 6,66a$$

Die beim Abkühlen zu erwartende Peierls-Verzerrung sollte dann zu einer neuen Periodenlänge a´ = 6,66a führen. Und genau das läßt sich mit Röntgen- oder elastischer Neutronenbeugung auch feststellen.

In diesem Fall war es einfach, aus der Zusammensetzung des Festkörpers auf die Füllung des Leitungsbandes zu schließen. Das Experiment bestätigt dann die Rechnung. Beim nächsten Beispiel sagt die Zusammensetzung nichts über das Ausmaß der Bandfüllung aus. Hier muß dann aus den experimentellen Beobachtungen zurückgerechnet werden.

Als nächsten Vertreter eines eindimensionalen Metalles betrachten wir eine Verbindung, die der organischen Chemie zuzuordnen ist. Sie stellt also ein organisches Metall dar. Es handelt sich hierbei um das TTF-TCNQ. Dabei steht das Kürzel TTF für Tetrathiofulvalen und TCNQ für Tetracyanochinodimethan (Abb. 8.17).

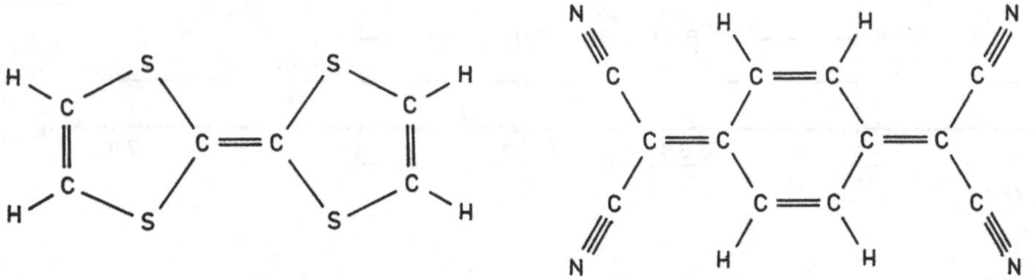

Abb. 8.17. Die Moleküle Tetrathiofulvalen (TTF, links) und Tetracyano-chinodimethan (TCNQ, rechts).

Diese Verbindung, TTF-TCNQ, kristallisiert so, daß die TTF-Moleküle und die TCNQ-Moleküle jeweils Stapel bilden, die parallel zueinander den Kristall durchziehen (Abb. 8.18). (Daß die Moleküle dabei schiefwinklig zur Stapelachse liegen, spielt weiter keine Rolle.)

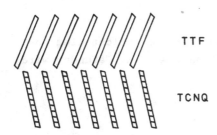

TTF

TCNQ

Abb. 8.18. Bauschema eines TTF-TCNQ Kristalls.

Diese Kristalle zeigen eine metallische Leitfähigkeit in Richtung der
Stapel. Daher muß dieser organische Festkörper ein teilweise gefülltes
Leitungsband haben. Hierfür gilt es eine Erklärung zu finden.

TTF-Moleküle können relativ leicht Elektronen abgeben und zu positiv
geladenen Ionen werden. TCNQ-Moleküle nehmen gern Elektronen auf und
erhalten dann eine negative Ladung. Eine solche Elektronenübertragung
spielt sich beim Aufbau des TTF-TCNQ Kristalls ab. Dabei verliert jedoch nicht jedes TTF-Molekül ein Elektron und nicht jedes TCNQ-Molekül
nimmt eins auf, sondern diese Elektronenübertragung findet nur bei
einigen der Moleküle statt. Ganz analog zur partiellen Oxidation im
KCP führt diese partielle Elektronenübertragung zu einem teilweise gefüllten Leitungsband und zu eindimensional-metallischem Verhalten. Die
Ausbildung von Energiebändern kommt dadurch zustande, daß sich Molekülorbitale, die aus den Molekülebenen herausragen, längs der Stapel
zu Bändern überlagern.

Das Verhalten der elektrischen Leitfähigkeit als Funktion der Temperatur ist in Abb. 8.19 dargestellt. Sie ist natürlich parallel zur Stapelrichtung gemessen. Die Leitfähigkeit nimmt zunächst mit fallender
Temperatur zu, wie es zu metallischem Verhalten gehört. Bei 54 K tritt
der Metall-Halbleiter Übergang ein, und mit weiter fallender Temperatur nimmt die Leitfähigkeit stark ab. Die Substanz ist nun offenbar
im Peierls-Zustand.

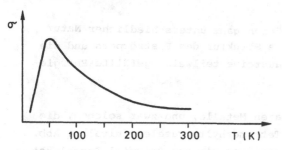

Abb. 8.19. Temperaturabhängigkeit der Leitfähigkeit bei TTF-TCNQ.

Die Zahl der im Mittel pro TTF-Molekül übertragenen Elektronen läßt
sich aus der Lage der Kohn-Anomalie ermitteln. Genausogut geht es über
die neue Gitterperiodik im Peierls-Zustand, die man aus Röntgenbeu-
gungsaufnahmen erhält.

Messungen zeigen, daß im k-Raum $2\vec{k}_F$ bei 0,295·2π/a liegt (wenn mit a
wieder die Identitäsperiode in Stapelrichtung gemeint ist). Also ist

$$\vec{k}_F = 0,295 \cdot \pi/a$$

Das Leitungsband ist damit zu 0,295 gefüllt, da bei vollem Band $\vec{k}_F$ =
π/a wäre. Ein volles Band entspricht nun einer Übertragung von zwei
Elektronen pro Molekül, da die Elektronen die verfügbaren Energiezustände ja immer paarweise besetzen. Folglich sind im Mittel 0,295·2
Elektronen = 0,59 Elektronen pro TTF-Molekül übertragen worden.

Der Vollständigkeit halber sei noch erwähnt, daß sich unterhalb der
genannten Peierls-Temperatur von 54 K noch weitere Phasenübergänge an-
schließen. Die Situation ist hier komplizierter als im zuvor besprochenen KCP, da es zwei unterschiedliche Stapel gibt und die Verzerrun-
gen in jedem der beiden Stapel bei verschiedenen Temperaturen eintreten.

Wir haben jetzt zwei Vertreter der sogenannten molekularen Metalle
kennengelernt. Mit diesem Ausdruck ist gemeint, daß dadurch metallisches Verhalten erreicht wird, daß sich einzelne Moleküle zu ganz bestimmten Festkörperstrukturen zusammenfinden. Damit zeigt sich nochmal schön, daß Metalleigenschaften eine Folge der Festkörperstruktur
sind.

Die Baueinheiten des Festkörpers können ganz unterschiedlicher Natur
sein. Wichtig ist nur, daß durch die Struktur des Festkörpers und die
elektronischen Eigenschaften der Bausteine teilweise gefüllte Energiebänder entstehen.

Bei einigen Vertretern der molekularen Metalle, und zwar solchen, die
TMTSF-Ionen (das Kürzel steht für Tetramethyltetraselenofulvalen, Abb.
8.20) und einfache anorganische Gegenionen wie zum Beispiel Perchlorat
enthalten, wurde sogar Supraleitung gefunden. Allerdings leider bei
den üblichen sehr tiefen Temperaturen von wenigen Kelvin oberhalb des
absoluten Nullpunktes. Bei manchen dieser Salze, die die allgemeine
Zusammensetzung $(TMTSF)_2X$ haben (X = einfach negativ geladenes Anion)
wird der supraleitende Zustand nur unter Druck erreicht.

Abb. 8.20. TMTSF (= Tetramethyltetraselenofulvalen).

Die bisher besprochenen Beispiele stehen jeweils für eine ganze Gruppe
von Verbindungen mit ähnlichem Strukturtyp. Wir wollen nun noch Vertreter einer weiteren Verbindungsklasse kennen lernen, die man als poly-
mere Metalle (im Gegensatz zu den obigen molekularen Metallen) bezeichnen kann.

Hierzu seien Verbindungen der Art MX$_3$ ausgewählt, wobei M für eines der
Metalle Titan, Zirkon, Hafnium, Niob oder Tantal steht und X eines der
Chalcogenide Schwefel oder Selen bedeutet, also zum Beispiel das Niob-
triselenid, NbSe$_3$. Der Strukturtyp dieser Verbindung ist in Abb. 8.21
veranschaulicht: Den Festkörper durchziehen eindimensionale Ketten aus
MX$_6$ - Oktaedern, die über gemeinsame Dreiecksflächen verbunden sind.

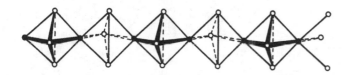

Abb. 8.21. Kettenstruktur in einigen Metalltrichalcogeniden. ● = Metall,
O = Chalcogenidatom.

In einer alternativen Beschreibung könnte man von Stapeln aus X$_3$ - Drei-
ecken sprechen, wobei die Metallatome jeweils in der Mitte zwischen
zwei Dreiecksflächen sitzen. Diese Kettenstruktur hat zur Folge, daß
sich Energiebänder ausbilden und die Elektronen längs der Ketten frei
beweglich sind. Die einzelnen Verbindungen dieses Strukturtyps können

sich darin unterscheiden, wie benachbarte Parallelketten relativ zueinander angeordnet sind.

Auch bei diesen Verbindungen beobachtet man die von der Theorie der eindimensionalen Leiter geforderten Erscheinungen, zum Beispiel die Peierls-Verzerrung. Die Verhältnisse sind allerdings dadurch ein wenig
kompliziert, daß sich die einzelnen Ketten in einer Verbindung in Ein-
zelheiten unterscheiden können und sich die Ketten so nahe kommen, daß
ein Elektronenübergang zwischen ihnen möglich wird. Damit sind diese
Verbindungen weniger eindimensional als die zuvor besprochenen.

Betrachten wir in Abb. 8.22 den Verlauf der Leitfähigkeit σ als Funktion der Temperatur in $NbSe_3$: Mit fallender Temperatur steigt zunächst
die Leitfähigkeit und zeigt damit metallisches Verhalten an. Bei 145 K
tritt in einer der Ketten die Peierls-Verzerrung ein und σ wird kleiner. Mit weiter fallender Temperatur überwiegt der Einfluß von nicht
durch die Peierls-Verzerrung betroffenen Elektronen, und die Leitfähigkeit steigt wieder metallisch an. Bei 59 K wiederholt sich dieses Spielchen bei einem zweiten Peierls-Übergang.

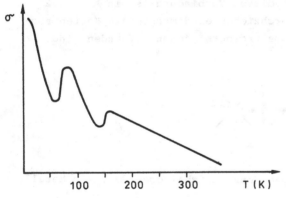

Abb. 8.22. Leitfähigkeit von $NbSe_3$ als Funktion der Temperatur.

Beim Niobtriselenid zeigt sich der Einfluß von Druck auf die Peierls-
Verzerrung besonders deutlich. Drückt man nämlich auf die Substanz,
so werden benachbarte Ketten aufeinandergepreßt. Der eindimensionale
Charakter des Festkörpers nimmt also ab. Nun gelten die Überlegungen
von Peierls nur für wirklich eindimensionale Systeme. Mit zunehmender
Wechselwirkung zwischen den Ketten verläßt man allmählich den Gültig-
keitsbereich der Theorie. Die Peierls-Verzerrung wird erschwert, also

zu tieferen Temperaturen verschoben, und sie ist weniger stark ausgeprägt.
Dies ist schön in Abb. 8.23 zu sehen, in der der Kehrwert der Leitfähigkeit, der Widerstand ϱ, als Funktion der Temperatur bei verschiedenen Drücken aufgetragen ist.

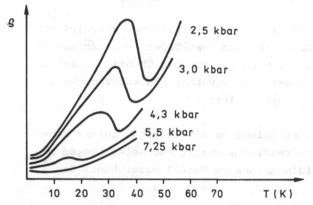

Abb. 8.23. Elektrischer Widerstand ϱ als Funktion der Temperatur in
NbSe$_3$, gemessen im Bereich des zweiten Peierls-Übergangs bei unterschiedlichen Drücken.

Es lassen sich mehrere Effekte feststellen: 1) Der Widerstand sinkt
mit steigendem Druck. Dies ist einfach eine Folge davon, daß sich die
Atome stärker annähern und damit den Leitungselektronen den Weg leichter machen. 2) Das Maximum des Widerstandes verschiebt sich zu tieferen Temperaturen und wird flacher. Das ist genau der genannte Effekt:
Die Peierls-Verzerrung wird behindert, sie ist weniger stark ausgeprägt und verschiebt sich zu tieferer Temperatur. 3) Bei genügend hohem Druck ist die Peierls-Verzerrung im wahrsten Sinne des Wortes un-
terdrückt.

Gerade in der Verbindungsklasse der genannten Metalltrichalcogenide
tritt das nicht-ohmsche Verhalten der Leitfähigkeit unterhalb der Peierls-Temperatur besonders deutlich hervor. Diesen Effekt hatten wir
schon anhand der Abb. 8.10 und 8.11 besprochen und als Loslösen der
Ladungsdichtewellen von Gitterfehlstellen interpretiert.

Wir wollen hier nochmals betonen, daß der Begriff des "eindimensionalen" Festkörpers natürlich eine Abstraktion darstellt. Denn ohne drei-

dimensional wirkende Kräfte würde der Körper ja gar nicht zusammenhal-
ten. Solche dreidimensionale Wechselwirkungen beeinflussen das physikalische Verhalten entscheidend, da die Theorie der eindimensionalen
Leiter umso weniger zutreffend ist, je ausgeprägter die dreidimensionalen Wechselwirkungen sind.

Besonders empfindlich hierfür ist die Peierls-Verzerrung. Sie wird mit
zunehmendem dreidimensionalen Charakter des Festkörpers weniger ausgeprägt und verschwindet schließlich, wenn die von der Theorie gemachten
Voraussetzungen nicht mehr vorliegen. Die erwähnte Druckabhängigkeit
der Peierls-Verzerrung ist ein Beispiel hierfür.

Zum Abschluß wollen wir noch einen polymeren elektrischen Leiter nennen, den man wegen ausgeprägter dreidimensionaler Wechselwirkungen besser als leicht anisotropes dreidimensionales Metall bezeichnet: das
Poly(schwefelnitrid), $(SN)_x$.

Es besteht aus mäanderartig gefalteten Schwefel-Stickstoff-Ketten mit
engen Kontakten zwischen den Ketten (Abb. 8.24). Die eingezeichneten
Doppelbindungen sind dabei nicht ernst zu nehmen: sie entsprechen einer
mesomeren Grenzstruktur. In Wirklichkeit sind alle Atomabstände längs
der Kette angenähert gleich, die Elektronen der Doppelbindungen sind
über die ganze Kette delokalisiert. Dies macht wieder ein metallisches
Leitungsband möglich und verleiht den Kristallen dieser Verbindung ein
goldähnliches Aussehen.

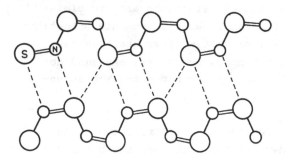

Abb. 8.24. Ausschnitt aus der Kettenstruktur des Poly(schwefelnitrid),
$(SN)_x$.

Eine Peierls-Verzerrung tritt beim Poly(schwefelnitrid) nicht auf, der
Festkörper ist wegen der Wechselwirkungen zwischen den Ketten (gestrich-

elte Kontakte in Abb. 8.24) nicht eindimensional genug. Vielmehr bleibt diese Verbindung bis zu einer Temperatur von etwa 0,3 K metallisch leitend, dann geht sie in den supraleitenden Zustand über. Die Beobachtung der Supraleitung im $(SN)_x$ im Jahre 1973 zeigte erstmals, daß Supraleitung nicht an das Vorhandensein von Metallatomen gebunden ist.

So können wir dieses Buch mit der verallgemeinernden Feststellung schliessen, daß die physikalischen Eigenschaften chemischer Verbindungen von dem Aufbau der Festkörper bestimmt werden. Die individuellen chemischen Eigenschaften der beteiligten Elemente und Moleküle sind nur insofern von Belang, als sie bestimmte Festkörperstrukturen erst möglich machen.

Daß ein Festkörper, um bei dem zuletzt besprochenen Beispiel zu bleiben, nur aus Schwefel- und Stickstoffatomen im Verhältnis 1:1 besteht, sagt über die zu erwartenden physikalischen Eigenschaften schlichtweg nichts aus. Es kann sich dabei um den Supraleiter $(SN)_x$ mit seiner Kettenstruktur handeln, oder aber um einfache Molekülkristalle wie $(SN)_2$, $(SN)_3$ oder $(SN)_4$, die Isolatoren darstellen. Erst die relative Anordnung zueinander, die Struktur, macht die Physik.

Hier, im strukturellen Aufbau der Festkörper, treffen sich Physik und Chemie. Der Chemiker kann das Zustandekommen einer bestimmten Festkörperstruktur erklären, der Physiker die sich aus der Struktur ergebenden Eigenschaften. Für den Chemiker, der mit Festkörpern zu tun hat, ist es lohnend, auch einmal die Nase über den Zaun zu strecken und Einblicke in das benachbarte Gebiet der Festkörperphysik zu gewinnen.

Es ist das Ziel dieses Buches, hierfür eine Hilfestellung zu geben.

9 Weiterführende Literatur

9.1 Allgemeine Lehrbücher

In der folgenden (natürlich keineswegs vollständigen) Zusammenstellung sind die Lehrbücher ungefähr nach steigendem Schwierigkeitsgrad geordnet.

Stiddard MHB (1975) The Elementary Language of Solid State Physics, Academic Press (188 Seiten)

Weiss A, Witte H (1983) Kristallstruktur und chemische Bindung, Verlag Chemie (396 Seiten)

Ibach H, Lüth H (1981) Festkörperphysik, Eine Einführung in die Grundlagen, Springer-Verlag (238 Seiten)

Weißmantel Ch, Hamann C (1979) Grundlagen der Festkörperphysik, Springer-Verlag (807 Seiten)

Kittel Ch (1983) Einführung in die Festkörperphysik, Oldenbourg-Verlag (640 Seiten)

Madelung C (1972, 1972, 1973) Festkörpertheorie, Bd. I, II, III, Heidelberger Taschenbücher 104, 109, 126, Springer-Verlag (191, 203, 195 Seiten)

9.2 Speziellere Literatur zu den einzelnen Kapiteln dieses Bandes.

Wölfel ER (1981) Theorie und Praxis der Röntgenstrukturanalyse, Vieweg (322 Seiten)

Stout GH, Jensen LH (1968) X-Ray Structure Determination, The Macmillan Company (467 Seiten)

Reissland JA (1973) The Physics of Phonons, John Wiley (319 Seiten)

Sommerfeld A, Bethe H (1967) Elektronentheorie der Metalle, Heidelberger Taschenbücher 19, Springer-Verlag (290 Seiten)

Jones H (1975) The Theorie of Brillouin Zones and Electronic States in Crystals, North Holland Publishing Company (284 Seiten)

Ginzburg VL, Kirzhnits DA (1982) High-Temperature Superconductivity, Consultants Bureau, Plenum Publishing Corporation (364 Seiten)

Devreese JT, Evrard RP, van Doren VE (1979) Highly Conducting One-Dimensional Solids, Plenum Press (422 Seiten)

Miller JS (1982, 1982, 1983) Extended Linear Chain Compounds Bd. I, II, III, Plenum Press (481, 517, 561 Seiten)

H. J. Fischbeck, K. H. Fischbeck

Formulas, Facts and Constants

**for Students and Professionals
in Engineering, Chemistry and Physics**

1982. XII, 251 pages. ISBN 3-540-11315-0

Contents: Basic mathematical facts and figures. – Units, conversion factors and constants. – Spectroscopy and atomic structure. – Basic wave mechanics. – Facts, figures and data useful in the laboratory.

This book provides a handy and convenient source of formulas, conversion factors and constants for students and professionals in engineering, chemistry, mathematics and physics. Section 1 covers the fundamental tools of mathematics needed in all areas of the physical sciences. Section 2 summarizes the SI system (International System of Units of measurement), lists conversion factors and gives precise values of fundamental constants. Section 3 and 4 review the basic terms of spectroscopy, atomic structure and wave mechanics. These sections serve as a guide to the interpretation of modern literature. Section 5 is a resource for work in the laboratory, listing data and formulas needed in connection with frequently used equipment such as vacuum systems and electronic devices. Material constants and other data are listed for information and as an aid for estimates or problem solving.

Formulas and tables are accompanied by examples in all those cases where their use might not be self-explanatory.

Springer-Verlag
Berlin
Heidelberg
New York
Tokyo

A. F. Williams

A Theoretical Approach to Inorganic Chemistry

1979. 144 figures, 17 tables. XII, 316 pages
ISBN 3-540-09073-8

Contents: Quantum Mechanics and Atomic Theory. – Simple Molecular Orbital Theory. – Structural Applications of Molecular Orbital Theory. – Electronic Spectra and Magnetic Properties of Inorganic Compounds. – Alternative Methods and Concepts. – Mechanism and Reactivity. – Descriptive Chemistry. – Physical and Spectroscopic Methods. – Appendices. – Subject Index.

This book is intended to outline the application of simple quantum mechanics to the study of inorganic chemistry, and to show its potential for systematizing and understanding the structure, physical properties, and reactivities of inorganic compounds. The considerable development of inorganic chemistry in recent years necessitates the establishment of a theoretical framework if the student is to acquire a sound knowledge of the subject. An effort has been made to cover a wide range of subjects, and to encourage the reader to think of further extensions of the theories discussed. The importance of the critical application of theory is emhasized, and, although the book is concerned chiefly with molecular orbital theory, other approaches are discussed. The book is intended for students in the latter half of their undergraduate studies. (235 references)

Springer-Verlag
Berlin
Heidelberg
New York
Tokyo